EMBAUMEMENT

63
Ta
55

MÉMOIRES DE L'AUTEUR

De l'assainissement des eaux Vannes (en collaboration avec M. L. Krafft). Mémoire couronné par la Société nationale d'encouragement.

De l'assainissement des amphithéâtres d'anatomie. Mémoire approuvé par le Conseil de salubrité, la Faculté de médecine, les Hôpitaux de Paris, et couronné par l'Académie des sciences.

De l'embaumement. Seul mémoire approuvé par l'Académie de médecine dans le concours des embaumements.

D'une circulation du sang dérivative dans les membres et dans la tête chez l'homme. Mémoire couronné par l'Académie des sciences.

De l'assainissement des décès et des convois funèbres de la Ville de Paris.

EN VOIE DE RECHERCHES :

Du rein et des fonctions rénales dans les vertébrés mammifères.

Commentaire sur la structure microscopique du rein, à l'occasion d'un mémoire de M. Gros, sur ce sujet.

DE L'EMBAUMEMENT

CHEZ LES ANCIENS ET CHEZ LES MODERNES

ET DES

CONSERVATIONS D'ANATOMIE NORMALE ET PATHOLOGIQUE

PAR

M. le Docteur SUCQUET

Ancien préparateur d'anatomie au Musée de l'École
de médecine de Paris, lauréat de l'Académie des sciences,
chevalier de la Légion d'honneur.

AURILLAC

IMPRIMERIE A. PINARD, SUCCESSEUR DE A. BRELET
RUE NEUVE ET RUE DE LA BRIDE
—
1872

AVANT-PROPOS

La pratique des embaumements est aujourd'hui dans une grande confusion. Les méthodes modernes n'ont point donné tous les résultats qu'elles promettaient. Tombées maintenant dans le domaine public, elles sont entre des mains ou peu intéressées, ou peu capables d'augmenter leurs ressources et de développer ainsi leur succès. Elles perdent le terrain conquis.

Ce résultat vient de l'obscurité dont ce sujet reste toujours entouré. Les méthodes ont été tenues plus ou moins secrètes, et les progrès de tous les jours sont restés sans le domaine privé des opérateurs. Il n'existe aucun travail compétent où les médecins puissent trouver les renseignements dont ils auraient besoin pour une opération qui ne leur est pas familière et qu'ils estiment trop facile.

Je publie aujourd'hui les détails d'une pratique très-suivie et qui n'a pas été sans succès. Le retard que j'ai mis à les faire connaître tenait à l'imperfection de ses procédés, et pendant vingt ans, je me suis efforcé de les rendre de plus en plus complets.

J'ai consigné mes recherches nouvelles dans cette étude, où j'ai fait entrer également ce que je sais de l'embaumement depuis les anciens Egyptiens jusqu'à nous.

Dr SUCQUET.

Août 1871.

DE L'EMBAUMEMENT

CHEZ LES ANCIENS ET CHEZ LES MODERNES.

DE L'EMBAUMEMENT ÉGYPTIEN.

La pratique des embaumements date des premiers temps historiques de l'humanité. Elle remonte à cet Ancien Empire d'Egypte dont les dynasties, regardées longtemps comme fabuleuses, ont été rendues à la science de nos jours par les inscriptions de Giseh et de Saqqarah. Six mille ans se sont écoulés depuis que la main des hommes grava les premiers caractères hiératiques du grand hypogée de Memphis.

En effet, Nestambo II fut vaincu à Péluse, à Bubastis et à Memphis par Artaxercès III, 340 ans avant Jésus-Christ. Avec lui finit la trentième, la dernière dynastie nationale des Pharaons. La vingt-deuxième nous conduit 630 ans plus loin, au temps du roi Jéroboam de Juda. Le Sésac de la Bible est le Pharaon Schescond ; Sésostris ou Ramsès II, remonte à cinq siècles plus loin encore, vers l'Exode d'Israël environ. Amosis, le restaurateur de l'Empire, recule l'histoire de trois siècles encore, vers les temps où Joseph gagnait à Tanis les faveurs d'un des rois conquérants, pasteur et sémite comme lui. Au delà se trouvent encore les quatre siècles de l'occupation de l'Egypte par les Hycsos, et enfin au delà les 3,300 ans du Moyen et de l'Ancien Empire qui commencèrent à creuser les tombes de Saqqarah. Les embaumements qu'elles renferment, durent autant que l'histoire des hommes.

Quelle fut, dans cet antique pays, la cause de l'art des embaumements ? Cette question souvent débattue reste encore indécise. Fut-il, comme on l'a dit, un témoignage de l'union des familles égyptiennes, union exemplaire à l'encontre de toute l'antiquité ? Aurait-il été, comme on l'assure, une mesure d'hygiène publique ? Doit-il être rattaché plutôt aux dogmes religieux ? Je le crois.

Au milieu de nos sociétés modernes, si compliquées, nous avons de la peine à reconstruire par la pensée l'état de ces premières colonies humaines, conduites par des colléges de prêtres, possesseurs discrets des premières recettes empiriques nécessaires à la vie des populations.

La théocratie égyptienne, moins politique et plus humaine que la théocratie indienne dont elle fut, sans doute, une émanation, assit son crédit, non-seulement sur les services qu'elle rendait, mais encore sur un spiritualisme très-élevé. L'ordre qui se voyait sur les bords du Nil avait été réglé, comme l'ordre de tout l'univers, par la divinité créatrice du ciel et de la terre. Ce qui était, avait été et devait être sans retour. Dans cet enchaînement d'idées, l'embaumement devint le symbole matérialisé de cette immuabilité, même au delà de la vie, même dans la mort. Après les expiations de l'Amenthes, l'âme, sous la figure de l'épervier à tête humaine, retournait vers le corps embaumé, pour s'unir à lui de nouveau et pour entrer avec lui dans la lumière divine. Ces doctrines assurèrent pour de longs siècles l'immobilité des institutions de l'Egypte, et quand elles disparurent enfin sous l'édit de Théodose, la vie nationale de ce pays disparut avec elles. Désormais et pour la première fois, l'Egypte appartiendra sans réserve à ses conquérants.

Comment s'établirent les procédés de l'embaumement? Et d'abord, la colonie égyptienne, venue du bord oriental de la mer Rouge, apportait-elle la formule de cet art? Je ne le crois pas. L'embaumement fut un produit original de l'Egypte, et la nature y fit pour lui plus que les hommes. C'est en l'imitant de son mieux que l'art put se substituer à elle.

Lorsque, de nos jours, un voyageur trouve la mort dans les sables de l'ancienne Lybie, son corps, desséché par un vent brûlant, recouvert par des nuages de poussière ardente, peut être momifié sans aucune intervention de l'homme. Il en fut toujours ainsi au milieu des sables arabiques et lybiques, dans lesquels le Nil a creusé le long de son cours, le long oasis de l'Egypte.

Ce fait naturel fut le point de départ de l'embaumement. On trouve à l'extrémité de la plaine de Saqqarah, près du bourg de Manof, des couches de momies qui reposent sur des lits de charbon et qui, sans apprêts extérieurs, dorment sous des nattes recouvertes de six pieds de sable. L'art, encore dans l'enfance, n'ajoutait alors aux influences naturelles, qu'un charbon absorbant et désinfectant. Ce n'était pas un procédé, même pour l'Egypte. Sans doute, le climat de ce pays, le tempérament sec de la race sémitique autochthone rendait la momification de ses dépouilles plus facile, mais les premiers opérateurs rencontrèrent bientôt des sujets d'une constitution plus humorale et des localités basses et voisines du fleuve, dans lesquelles la dessication naturelle ne pouvait être assez rapide pour éviter la destruction du corps. Il fallut donc remédier à ces obstacles.

Comment les anciens Egyptiens y réussirent-ils?

J'ai souvent été témoin, dans le public étranger à ces études très-spéciales, d'un vif enthousiasme pour leur embaumement et de regrets amers sur la perte de procédés aussi parfaits. Je gardais alors, on le comprend, un silence discret et plus ou moins approbatif. Mais ces manifestations me donnaient toujours un grand désir de pénétrer ces secrets désormais perdus, dit-on, sans retour. Je consultai d'abord les auteurs qui ont le plus utilement écrit sur ce sujet. C'est, d'une part, Hérodote, qui visita l'Egypte 450 ans avant Jésus-Christ, c'est-à-dire dans le temps de ses dynasties nationales, à un moment où les coutumes populaires n'avaient point encore subi l'influence des mœurs étrangères. C'est ensuite, presque de nos jours, Rouyer, membre de l'expédition scientifique d'Egypte, qui examina les résultats que l'ancienne pratique des embaumements laisse toujours abondamment sous les yeux.

« Il y a, en Egypte, dit Hérodote, certaines personnes que la loi a chargées des embaumements et qui en font profession. Quand on leur porte un corps, ils montrent aux porteurs des modèles de morts, en bois. Le plus recherché représente, à ce qu'ils disent, celui dont je me fais scrupule de dire le nom. Ils en font voir un second qui est inférieur au premier et qui ne coûte pas aussi cher; ils en montrent encore un troisième qui est au plus bas prix (*). Ils demandent ensuite suivant lequel de ces trois modes on souhaite que le mort soit embaumé. Après qu'on est convenu du prix, les parents se retirent. Les embaumeurs travaillent chez eux, et voici comment ils procèdent à l'embaumement le plus précieux :

« D'abord, ils tirent le cerveau par les narines, en partie avec un fer recourbé, en partie par le moyen de drogues qu'ils introduisent dans la tête. Le corps étant étendu par terre, le scribe trace sur le flanc gauche tout ce qu'on doit couper. Celui qui doit faire l'incision coupe avec une pierre d'Ethiopie tranchante autant de chair que l'ordonne la loi. Ils tirent par cette ouverture les intestins, les nettoient en les passant au vin de palmier, et les mettent dans un coffre, lequel est

---

(*) Le modèle dont Hérodote se faisait scrupule de dire le nom, était, dit-on, la représentation d'Isis. Nous trouvons dans Diodore de Sicile la valeur de ces trois espèces d'embaumement. Le premier valait un talent, ou 4,500 fr. de notre monnaie; le deuxième, 20 mines, ou 1,500 fr.; le troisième valait peu de chose ; le prix était indéterminé.

jeté dans le fleuve, après une invocation au Soleil, qu'Euphantus a traduite de sa langue maternelle : « Soleil, souverain Maître, et vous tous, dieux qui avez donné la vie aux hommes, recevez-moi et permettez que j'habite avec les dieux éternels. J'ai persisté pendant tout le temps que j'ai vécu dans le culte des dieux que j'ai reçu de mes pères; j'ai toujours honoré ceux qui ont engendré ce corps; je n'ai tué personne; je n'ai point enlevé de dépôt, etc., etc. »

« Ensuite, ils remplissent le ventre de myrrhe pure broyée, de canelle et d'autres parfums, l'encens excepté; puis ils le recousent. Lorsque cela est fini, ils salent le corps en le recouvrant de natrum pendant soixante et dix jours. Il n'est pas permis de le laisser plus longtemps dans le sel.

« Les soixante-dix jours expirés, ils lavent le corps et l'enveloppent entièrement de bandes de toile de coton, enduites de gomme arabique, dont les Egyptiens se servent ordinairement comme de colle. Les parents retirent ensuite le corps. Ils font faire, en bois, un étui de forme humaine; ils y renferment le mort et le mettent dans une salle destinée à cet usage; ils le placent droit contre la muraille. Telle est la manière la plus magnifique d'embaumer les morts.

« Ceux qui veulent éviter la dépense, choisissent cet autre sorte : On remplit des seringues d'une liqueur onctueuse qu'on a tirée du cèdre. On en injecte le ventre du mort, sans y faire aucune incision et sans en tirer les intestins. Quand on a introduit cette liqueur par le fondement, on le bouche pour empêcher la liqueur de sortir. Ensuite on sale le corps pendant le temps prescrit. Le dernier jour, on fait sortir du corps la liqueur injectée ; elle a tant de force qu'elle dissout les entrailles et les entraîne avec elle. Le natrum consume les chairs et il ne reste que la peau et les os. Cette opération finie, ils rendent le corps sans y faire autre chose.

« La troisième espèce d'embaumement n'est que pour les plus pauvres. On injecte le corps avec la liqueur nommée surmaia ; on le met dans le natrum pendant soixante-dix jours et on le rend ensuite à ceux qui l'ont apporté. »

Après avoir lu ce récit d'Hérodote, l'historien le plus complet sur ce point, je crois qu'on regrettera moins l'ignorance où nous sommes du véritable embaumement égyptien. Les mœurs de notre pays ne se prêteraient pas à l'abandon de nos morts à des mains mercenaires pendant soixante-dix jours. En Egypte même, il fallut que la loi se joignît aux croyances religieuses pour obtenir un pareil délaissement qui n'était pas toujours sans scandale.

D'ailleurs, les commentaires des savants ont jeté des doutes sur la véracité d'Hérodote. Comment une liqueur végétale, comme le surmaia, pouvait-elle dissoudre les intestins ? Quel était ce liquide ? Comment le natrum pouvait-il consumer les chairs profondes qu'il ne touchait pas, et respecter la peau qu'il touchait partout ? A ces doutes s'étaient ajoutés certains faits. Dans le courant du moyen-âge, la momie égyptienne était devenue un objet commercial, destiné à composer certaines formules pharmaceutiques, et même certains préservatifs contre les maléfices. On portait, et François Ier porta dans un médaillon, un morceau de momie contre les mauvais sorts. Les momies n'étaient donc pas rares en Europe, et l'on ne tarda pas à s'apercevoir que les embaumements égyptiens, si permanents dans leur pays, étaient peu stables dans nos climats du Nord. Les momies y absorbaient l'humidité de l'atmosphère et se décomposaient ensuite lentement. La faveur dont l'art égyptien jouissait dans certaines classes de la société, n'avait donc pas gagné les hommes de science, et les recherches de Rouyer les éloignèrent de plus en plus de ce sujet rempli d'obscurité.

Je mets sous les yeux du lecteur les passages de Rouyer dont il est question en ce moment :

« Les historiens, dit-il, auxquels nous sommes

redevables de tout ce que l'on sait aujourd'hui des merveilles anciennes de l'Egypte, et qui ont écrit dans un temps où les Egyptiens conservaient encore quelques-uns de leurs usages, pourraient seuls nous transmettre le secret ingénieux des embaumements; mais leurs récits nous prouvent qu'ils n'en avaient eux-mêmes qu'une connaissance imparfaite. »

« Quoique les récits d'Hérodote et de Diodore de Sicile sur les embaumements ne soient pas très-complets, et que quelques détails paraissent inexacts et peu vraisemblables, comme plusieurs savants français l'ont observé, pourtant en plaçant dans un ordre convenable ce qu'Hérodote rapporte sur ce sujet, on reconnaît bientôt qu'il a décrit en quelques lignes presque toute la théorie des embaumements. Les embaumeurs égyptiens savaient distinguer des autres viscères le foie, la rate et les reins, auxquels ils ne devaient pas toucher; ils avaient trouvé le moyen de retirer la cervelle de l'intérieur du crâne sans le détruire; ils connaissaient l'action des alcalis sur la matière animale, puisque le temps que les corps devaient rester en contact avec ces substances était strictement limité; ils n'ignoraient pas la propriété qu'ont les baumes et les résines d'éloigner les larves des insectes et les mites; ils avaient aussi reconnu la nécessité d'envelopper les corps desséchés et embaumés, afin de les préserver de l'humidité, qui se serait opposée à leur conservation. Ces peuples étaient parvenus à établir des règles invariables et une méthode certaine pour procéder aux embaumements. On remarque, en effet, que le travail de ceux qui étaient chargés d'embaumer les morts consistait en deux principales opérations bien raisonnées : la première, de soustraire de leur intérieur tout ce qui pouvait devenir une cause de corruption pendant le temps destiné à les dessécher ; la seconde, d'éloigner de ces corps tout ce qui aurait pu par la suite en causer la destruction.

« Les résines odorantes et le bitume non-seulement préservaient de la corruption, mais encore éloignaient les vers et les nécrophores. — Les embaumeurs, après avoir lavé les corps avec cette liqueur vineuse et balsamique qu'Hérodote et Diodore appellent vin de palmier, et les avoir remplis de résines odorantes ou de bitumes, les plaçaient dans des étuves, où, à l'aide d'une chaleur convenable, ces substances résineuses s'unissaient intimement aux corps, et ceux-ci arrivaient en peu de temps à cet état de dessication parfaite dans lequel on les trouve aujourd'hui. Cette opération, dont aucun historien n'a parlé, était sans doute la principale et la plus importante de l'embaumement.

« Les Arabes ont saccagé les grottes les plus apparentes et les pyramides. Aussi, pour trouver les momies, faut-il pénétrer dans le sein des montagnes et descendre dans ces vastes et profondes excavations où l'on n'arrive que par de longs canaux dont quelques-uns sont encombrés. Là, dans des chambres ou des espèces de puits carrés taillés dans le roc, on trouve des milliers de momies entassées les unes sur les autres, qui paraissent avoir été arrangées avec une certaine symétrie, quoique plusieurs se trouvent aujourd'hui déplacées et brisées. Auprès de ces puits profonds, qui servaient de sépulture commune à plusieurs familles, on rencontre aussi d'autres chambres moins grandes et quelques cavités étroites, en forme de niche, qui étaient destinées à contenir une seule momie ou deux au plus. Les grottes de la Thébaïde renferment un grand nombre de momies mieux conservées que celles qu'on trouve dans les caveaux et les puits de Saqqarah. C'est surtout auprès des ruines de Thèbes, dans l'intérieur de la montagne qui s'étend depuis l'entrée de la vallée des tombeaux des rois jusqu'à Medynet-Abou, que j'ai vu beaucoup de momies entières et bien conservées.

« Il me serait impossible d'estimer le nombre prodigieux de celles que j'ai trouvées éparses et entassées dans les chambres sépulcrales et dans la multitude des caveaux qui sont dans l'intérieur de cette montagne. J'en ai développé et examiné un grand nombre, autant pour m'assurer de leur état et pour reconnaître leur préparation, que dans l'espérance d'y trouver des idoles, des *papyrus* et d'autres objets curieux que la plupart de ces momies renferment sous leur enveloppe. — Je n'ai point remarqué qu'il y eût, comme le dit Maillet, des caveaux spécialement destinés à la sépulture des hommes, des femmes et des enfants; mais j'ai été surpris de trouver peu de momies d'enfants dans les tombeaux que j'ai visités. Ces corps embaumés, parmi lesquels on rencontre un nombre à peu près égal d'hommes et de femmes, et qui, au premier aspect, paraissent se ressembler et avoir été préparés de la même manière, diffèrent cependant par les diverses substances qui ont été employées à leur embaumement, ou par l'arrangement ou par la qualité des toiles qui leur servent d'enveloppe.

« En examinant en détail et avec attention quelques-unes des momies qui se trouvent dans les tombeaux, j'en ai reconnu de deux classes principales : celles auxquelles on a fait sur le côté gauche, au-dessus de l'aine, une incision de deux pouces et demi environ, qui pénètre jusque dans la cavité du bas-ventre ; et celles qui n'ont point d'ouverture sur le côté gauche ni sur aucune autre partie du corps. Dans l'une et dans l'autre classe, on trouve plusieurs momies qui ont les parois du nez déchirées et l'os ethmoïde entièrement brisé; mais quelques-unes de la dernière classe ont les cornets du nez intacts et l'os ethmoïde entier; ce qui pourrait faire croire que quelquefois les embaumeurs ne touchaient pas au cerveau. L'ouverture qui se trouve sur le côté de plusieurs momies se faisait sans doute dans tous les embaumements recherchés, non-seulement pour retirer les intestins, qu'on ne trouve dans aucun de ces cadavres desséchés, mais encore pour mieux nettoyer la cavité du bas-ventre et pour la remplir d'une plus grande quantité de substances aromatiques et résineuses, dont le volume contribuait à conserver les corps, en même temps que l'odeur forte des résines en écartait les insectes et les vers. Cette ouverture ne m'a point paru recousue, comme le dit Hérodote; les bords avaient seulement été rapprochés, et se maintenaient ainsi par la dessication.

« 1° Parmi les momies qui ont une incision sur le côté gauche, je distingue celles qui ont été desséchées par le moyen des substances tanno-balsamiques, et celles qui ont été salées. Les momies qui ont été desséchées à l'aide de substances balsamiques et astringentes sont remplies comme d'un mélange de résines aromatiques, et les autres d'asphalte ou bitume pur.

« Les momies remplies de résine aromatique
sont d'une couleur olivâtre ; la peau est sèche,
flexible, semblable à un cuir tanné ; elle est un
peu retirée sur elle-même, et ne paraît former
qu'un seul corps avec les fibres et les os ; les traits
du visage sont reconnaissables et semblent être
les mêmes que dans l'état de vie ; le ventre et la
poitrine sont remplis d'un mélange de résines
friables, en partie solubles dans l'esprit de vin :
ces résines n'ont aucune odeur particulière capable de les faire reconnaître ; mais, jetées sur des
charbons ardents, elles répandent une fumée
épaisse et une odeur fortement aromatique. Ces
momies sont très-sèches, faciles à développer et
à rompre ; elles conservent encore toutes leurs
dents, les cheveux et les poils des sourcils. Quelques-unes ont été dorées sur toute la surface du
corps, d'autres ne sont dorées que sur le visage,
sur les parties naturelles, sur les mains et sur les
pieds. Ces dorures sont communes à un assez
grand nombre de momies, pour m'empêcher de
partager l'opinion de quelques voyageurs, qui ont
pensé qu'elles décoraient seulement le corps des
princes ou des personnes d'un rang très-distingué.

« Ces momies, qui ont été préparées avec beaucoup de soin, sont inaltérables tant qu'on les conserve dans un lieu sec ; mais développées et
exposées à l'air, elles attirent promptement l'hu-

midité, et au bout de quelques jours elles répandent une odeur désagréable.

« Les momies remplies de bitume pur ont une couleur noirâtre ; la peau est dure, luisante, comme si elle avait été couverte d'un vernis ; les traits du visage ne sont point altérés ; le ventre, la poitrine et la tête sont remplis d'une substance résineuse, noire, dure, ayant peu d'odeur. Cette matière, que j'ai retirée de plusieurs momies, m'a présenté les mêmes caractères physiques et a donné à l'analyse chimique les mêmes résultats que le bitume de Judée qui se trouve dans le commerce. Ces sortes de momies, qu'on rencontre assez communément dans tous les caveaux, sont sèches, pesantes. sans odeur, difficiles à développer et à rompre. Presque toutes ont le visage, les parties naturelles, les mains et les pieds dorés ; elles paraissent avoir été préparées avec beaucoup de soin ; elles sont très-peu susceptibles de s'altérer et n'attirent point l'humidité de l'air. Les momies ayant une incision sur le côté gauche, et qui ont été salées, sont également remplies, les unes de substances résineuses et les autres d'asphalte. Ces deux sortes diffèrent peu des précédentes : la peau a aussi une couleur noirâtre, mais elle est dure, lisse et tendue comme du parchemin ; il se trouve un vide au-dessous, elle n'est point collée sur les os ; les résines et le bitume qui ont été injectés dans le ventre et dans la poitrine sont moins friables et ne conservent aucune odeur ; les traits du visage sont un peu altérés ; on ne trouve que très-peu de cheveux, qui tombent lorsqu'on les touche. Ces deux sortes de momies se trouvent en très-grand nombre dans tous les caveaux : lorsqu'elles sont développées, si on les expose à l'air, elles en absorbent l'humidité, et elles se couvrent d'une légère efflorescence saline que j'ai reconnue pour être du sulfate de soude.

« 2° Parmi les momies qui n'ont point d'incision sur le côté gauche, ni sur aucune autre partie du corps, et dont on a retiré les intestins par le fondement, j'en distingue aussi deux sortes : celles qui ont été salées, ensuite remplies de cette matière bitumineuse moins pure, que les naturalistes et les historiens appellent *pisasphalte*, et celles qui ont été seulement salées.

« Les injections avec le *cédria* ou le surmaïa pour dissoudre les intestins, selon Hérodote, ne pouvaient atteindre ce but; il est beaucoup plus naturel de croire que ces injections étaient composées d'une solution de natrum rendue caustique, qui dissolvait les viscères ; et qu'après avoir fait sortir les matières contenues dans les intestins, les embaumeurs remplissaient le ventre de cédria ou d'une autre résine liquide qui se desséchait avec le corps.

« Les momies salées qui sont remplies de pisasphalte ne conservent plus aucun trait reconnais-
sable : non-seulement toutes les cavités du corps
ont été remplies de ce bitume, mais la surface en
est aussi couverte. Cette matière a tellement pénétré la peau, les muscles et les os, qu'elle ne
forme avec eux qu'une seule et même masse.

« En examinant ces momies, on est porté à
croire que la matière bitumineuse a été injectée
très-chaude, et que les cadavres ont été plongés
dans une chaudière contenant ce bitume en liqué-
faction. Ces sortes de momies, les plus communes
et les plus nombreuses de toutes celles qu'on
rencontre dans les caveaux, sont noires, dures,
pesantes, d'une odeur pénétrante et désagréable ;
elles sont très-difficiles à rompre ; elles n'ont plus
ni cheveux ni sourcils ; on n'y trouve aucune
dorure. Quelques-unes seulement ont la paume
des mains, la plante des pieds, les ongles des
doigts et des orteils teints en rouge, de cette
même couleur dont les naturels de l'Egypte se
teignent encore aujourd'hui la paume des mains
et la plante des pieds (le henné, *lawsonia inermis*).
La matière bitumineuse que j'en ai retirée est
grasse au toucher, moins noire et moins cassante
que l'asphalte ; elle laisse à tout ce qu'elle touche
une odeur forte et pénétrante ; elle ne se dissout
qu'imparfaitement dans l'alcool ; jetée sur des

charbons ardents, elle répand une fumée épaisse et une odeur désagréable; distillée, elle donne une huile abondante, grasse, d'une couleur brune et d'une odeur fétide. Ce sont ces espèces de momies que les Arabes et les habitants des lieux voisins de la plaine de Saqqarah vendaient autrefois aux Européens, et qui étaient envoyées dans le commerce pour l'usage de la médecine et de la peinture, ou comme objet d'antiquité; on les choisissait parmi celles qui étaient remplies de bitume de Judée, puisque c'est à cette matière qui avait longtemps séjourné dans les corps qu'on attribuait autrefois des propriétés médicinales si merveilleuses; cette substance, qui était nommée *baume de momie*, a été ensuite très-recherchée pour la peinture : c'est pour cela que l'on n'a connu d'abord en France que l'espèce de momie qui renfermait du bitume. Elles sont très-peu susceptibles de s'altérer; exposées à l'humidité, elles se couvrent d'une légère efflorescence saline à base de soude. Les momies qui n'ont été que salées et desséchées sont généralement plus mal conservées que celles dans lesquelles on trouve des résines et du bitume.

« On remarque plusieurs variétés dans cette dernière sorte de momies; mais il paraît qu'elles proviennent du peu de soin et de la négligence que les embaumeurs mettaient dans leur préparation. Les unes, encore entières, ont la peau sèche, blanche, lisse et tendue comme du parchemin; elles sont légères, sans odeur et faciles à rompre; les autres ont la peau également blanche, mais un peu souple; ayant été moins desséchées, elles ont passé à l'état de gras. On trouve encore dans ces momies des morceaux de cette matière grasse jaunâtre que les naturalistes ont appelée adipo-cire. Les traits du visage sont entièrement détruits, les sourcils et les cheveux sont tombés : les os se détachent de leurs ligaments sans aucun effort, ils sont blancs et aussi nets que ceux des squelettes préparés pour l'étude de l'ostéologie; les toiles qui les enveloppent se déchirent et tombent en lambeaux lorsqu'on les touche. Ces sortes de momies, qu'on trouve ordinairement dans des caveaux particuliers, contiennent une assez grande quantité de substance saline, que j'ai reconnue pour être presque en totalité du sulfate de soude. Les diverses espèces de momies dont je viens de parler sont emmaillottées avec un art qu'il serait difficile d'imiter. De nombreuses bandes de toile, de plusieurs mètres de long, composent leur enveloppe; elles sont appliquées les unes sur les autres, au nombre de quinze ou vingt d'épaisseur, et font ainsi plusieurs circonvolutions, d'abord autour de chaque membre, ensuite autour du corps entier;

elles sont serrées et entrelacées avec tant d'adresse et si à propos, qu'il paraît qu'on a cherché, par ce moyen, à rendre à ces morts, considérablement diminués par la dessiccation, leur première forme et leur grosseur naturelle.

« On trouve toutes les momies enveloppées à peu près de la même manière ; il n'y a de différence que dans le nombre des bandes qui les entourent et dans la qualité des toiles, dont le tissu est plus ou moins fin, selon que l'embaumement était plus ou moins précieux. Le corps embaumé est d'abord couvert d'une chemise étroite, lacée sur le dos et serrée sous la gorge ; sur quelques-uns, au lieu d'une chemise, on ne trouve qu'une large bande qui enveloppe tout le corps. La tête est couverte d'un morceau de toile carré, d'un tissu très-fin, dont le centre forme sur la figure une espèce de masque ; on en trouve quelquefois cinq à six ainsi appliqués l'un sur l'autre ; le dernier est ordinairement peint ou doré, et représente la figure de la personne embaumée. Chaque partie du corps est enveloppée séparément par plusieurs bandelettes imprégnées de résine. Les jambes, approchées l'une de l'autre, et les bras, croisés sur la poitrine, sont fixés, dans cet état, par d'autres bandes qui enveloppent le corps entier. Ces dernières, ordinairement chargées de figures hiéroglyphiques, et fixées par de longues bandelettes qui se croisent avec beaucoup d'art et de symétrie, terminent l'enveloppe.

« Immédiatement après les dernières bandes, on trouve diverses idoles en or, en bronze, en terre cuite vernissée, en bois doré ou peint; des rouleaux de papyrus écrits, et beaucoup d'autres objets qui n'ont aucun rapport à la religion de ces peuples, mais qui paraissent être seulement des souvenirs de ce qui leur avait été cher pendant la vie. — C'est dans une de ces momies placée au fond d'un caveau de l'intérieur de la montagne (derrière le *Memnonium*, temple de la plaine de Thèbes) que j'ai trouvé un papyrus volumineux, qui se voit gravé dans l'ouvrage *(voy*. les planches 61, 62, 63, 64 et 65 du 2° volume des planches d'antiquités, et la description des Hypogées de la ville de Thèbes). — Ce papyrus était roulé sur lui-même et avait été placé entre les cuisses de la momie, immédiatement après les premières bandes de toile; cette momie d'homme, dont le tronc avait été brisé, ne m'a point paru avoir été embaumée d'une manière très-recherchée : elle était enveloppée d'une toile assez commune, et avait été remplie d'asphalte; elle n'avait de doré que les ongles des orteils.

« Presque toutes les momies qui se trouvent dans ces chambres souterraines, où l'on peut encore pénétrer, sont ainsi enveloppées de bandes de toile avec un masque peint sur le visage. Il est rare d'en trouver qui soient enfermées dans leurs caisses, dont il ne reste que quelques débris. Ces caisses, qui ne servaient sans doute que pour les riches et pour les personnes de haute distinction, étaient doubles; celle dans laquelle on déposait les momies était faite d'une espèce de carton composé de plusieurs morceaux de toile collés les uns sur les autres; cette caisse était ensuite enfermée dans une seconde construite en bois de sycomore ou de cèdre. »

Après avoir lu ces pages de Rouyer, l'incertitude laissée par le récit d'Hérodote sur les procédés égyptiens, n'a point disparu. Au contraire. Rouyer aperçoit très-bien que cet embaumement reposait sur la dessiccation des corps et sur leur préservation de toute humidité ultérieure. Jusqu'à lui, on savait qu'en Egypte les corps étaient salés dans l'embaumement, mais on n'allait pas plus loin et on ne demandait pas comment ils se desséchaient. Rouyer pense que ce peuple avait recours à des étuves chauffées artificiellement pour obtenir une dessiccation estimée par lui nécessaire. Mais sur quoi fonde-t-il son appréciation? Aucun texte ne le rend plausible, et Rouyer n'a soulevé qu'un doute de plus autour de cette question, entourée déjà de tant d'obscurités et de tant d'invraisemblances.

Bien que les embaumements doivent aujourd'hui s'éloigner de plus en plus de ces pratiques incompatibles avec nos mœurs, il était intéressant, au point de vue de l'art que nous étudions, de rechercher quelle fut en réalité la méthode d'embaumer des anciens Egyptiens. Mais comment y parvenir au milieu de la confusion des récits et des commentaires?

J'ai d'abord examiné s'il n'y avait pas, au milieu de leurs pratiques bizarres, quelque point commun à toutes les opérations. Dans le cas où un point semblable existerait, il devrait être essentiel et pourrait aujourd'hui faciliter nos recherches. Eh bien, ce point existe, il est même très-net, puisqu'il a été prescrit et règlementé par la loi égyptienne elle-même : c'est le séjour des corps dans le natrum pendant soixante-dix jours. L'embaumement égyptien doit être là tout entier. L'extraction des intestins et du cerveau, l'emploi du bitume, du pisasphalte, de bandelettes ne sont que des accessoires de l'opération suivant sa richesse, suivant les localités plus ou moins humides, suivant les époques, suivant les pratiques religieuses qui l'accompagnaient. Ces accessoires n'étaient pas indispensables, car la loi se tait à leur égard, car surtout, même d'après Rouyer, nous les voyons ou pratiqués ou supprimés, sans que la conservation des corps en éprouve un changement essentiel.

Mais comment le séjour dans le natrum pouvait-il conserver et dessécher les corps? On a dit que cette substance agissait en salant et en consumant les chairs. Cela est contradictoire. Saler, consumer, dessécher le corps sont des résultats qu'une même substance ne saurait produire, et nous sommes conduits à déclarer que nous ignorons le mode d'action du natrum sur les corps qui séjournaient dans son sein. L'expérience pouvait seule éclairer ce sujet.

Les lacs de l'Egypte produisent toujours ce composé salin. Sur ma demande, un tonneau de natrum me fut expédié à Paris, et dans mon cabinet de l'École Pratique de Médecine, je me trouvai en mesure de renouveler sous mes yeux le point capital de l'embaumement décrit par Hérodote, et d'en constater les effets.

Le natrum que j'avais reçu était sous la forme d'une poudre ou de masses pulvérulentes plus ou moins volumineuses, d'un aspect brunâtre, d'une odeur peu prononcée et d'un goût franchement salin.

Soumis à l'analyse chimique, ce produit se partageait dans l'eau en deux portions, l'une soluble et l'autre insoluble dans ce liquide.

La partie soluble, beaucoup plus considérable que l'autre, était formée d'une forte proportion de carbonate de soude et ensuite de sulfate de soude, de chlorure de sodium et de traces de phosphate de la même base. La partie insoluble, qui ne nous intéresse pas ici, contenait du carbonate de fer et de chaux, de l'alumine, des traces de silicate de fer, d'alumine, de magnésie et de la matière organique analogue à l'humus.

Je disposai mon expérience ainsi qu'il suit : J'étalai sur le fond d'un cercueil doublé de plomb une couche de nâtrum de 30 centimètres d'épaisseur, et je déposai sur elle le corps d'un enfant de sept à huit ans, corps flasque, amaigri, déjà verdâtre aux régions abdominales, et mort probablement de phthisie. Je l'entourai et je le recouvris d'une couche égale de natrum de 30 centimètres, et j'abandonnai le cercueil ouvert à l'air libre. Pour retrouver autant que possible les conditions du climat égyptien, j'avais attendu le mois d'août. Le premier jour de l'expérience, le thermomètre marquait 27° centigrades dans mon cabinet, et pendant les 17 jours suivants, la moyenne de la température fut de 23° environ.

Dès le troisième jour, le cercueil exhalait l'odeur caractéristique de la décomposition. Cette odeur augmenta depuis continuellement. Vers le quinzième jour, elle était insupportable. Elle se répandait dans le pavillon, et les garçons de salle recherchaient partout la cause de ces émanations malsaines. Mon cabinet était inhabitable.

De temps en temps de grosses mouches entraient d'un vol rapide par les fenêtres, plongeaient comme un trait dans le cercueil et s'enfonçaient rapidement dans la poudre de natrum. Cependant l'apparence extérieure du cercueil n'avait pas changé, et je ne remarquais ni soulèvement ni dépression dans son contenu.

Enfin, le dix-septième jour, l'odeur était tellement insoutenable que je fus contraint de mettre fin à l'expérience. Je disposai dans le cabinet des terrines dégageant du chlore gazeux; le natrum fut rapidement enlevé et le corps de l'enfant fut mis à découvert.

L'odeur infecte répandue pendant la durée de l'expérimentation a pu sans doute faire croire que ce corps devait être l'objet d'une putréfaction profonde. Je le pensais aussi moi-même et je comptais le trouver ballonné dans toutes ses parties et d'un vert brunâtre dans toute sa superficie. Il n'en était rien. Ce corps, au contraire, était blanc, même sur l'abdomen, déjà revenu sur lui-même. La surface générale de la peau était mouillée comme si elle venait d'être arrosée d'eau. L'épiderme ayant disparu, elle était glissante au toucher comme celle de certains poissons. Les cheveux et les cils se détachaient très-facilement; l'odeur qu'il exhalait était d'ailleurs repoussante et des larves d'insectes s'agitaient dans les cavités orbitaires où les globes des yeux avaient perdu leurs liquides.

Les pieds et les mains de ce corps, jusque vers le tiers inférieur des jambes et des bras, offraient un aspect et un état très-remarquables. Ces parties étaient d'une couleur jaunâtre et desséchées. Sur les doigts des pieds et des mains on voyait des fragments d'épiderme boursoufflé, transparent, desséché et n'adhérant que par quelques points aux doigts déjà secs et presque inflexibles. Les cavités viscérales ne furent point ouvertes. L'intégrité générale de la peau et la momification de l'extrémité des membres était le fait important à constater. Le sujet fut donc enlevé pour être promptement inhumé.

Au premier abord, il semble que cette expérience brusquement suspendue ne peut autoriser une conclusion.

Ne hâtons pas notre jugement.

Il s'en dégage d'abord un fait important ; c'est qu'Hérodote et les historiens venus après lui ne connaissaient qu'imparfaitement les procédés de l'embaumement qu'ils ont décrit. Il est impossible d'admettre que cette opération en Egypte fût accompagnée de l'odeur repoussante que les corps placés dans le natrum répandent autour d'eux. Cette pratique fût devenue pour les grandes agglomérations d'hommes, comme Thèbes et Memphis, une cause insupportable d'insalubrité. Si l'on réfléchit que Thèbes occupait sur les deux rives du Nil une étendue de quinze kilomètres, qu'au temps de sa splendeur elle laissa dans toute l'antiquité le renom d'une ville immense, aux cent portes, on estimera que sa population devait être considérable. En supposant qu'elle fût seulement la moitié de celle de Paris actuellement, la mortalité devait y être de 25,000 âmes par an. Or, comme l'embaumement exigeait le séjour des corps dans le natrum pendant soixante-dix jours, il devait y avoir, sans cesse, dans la ville, plus de deux mille corps en préparation à la fois. De tels foyers d'infection n'ont pas existé dans ces lieux, dont les ruines attestent, après tant de siècles, la brillante civilisation.

Il faut pourtant conclure. Ou Hérodote a recueilli des récits absolument controuvés, ou certains détails importants lui sont restés inconnus.

Hérodote a décrit les grands traits de l'embaumement égyptien, encombrés seulement de détails plus ou moins nombreux, plus ou moins authentiques, en oubliant les précautions qui rendaient l'embaumement possible. Le séjour des corps dans le natrum était et serait encore suffisant pour conserver et dessécher les corps, à la condition de neutraliser l'odeur qui s'en dégage. Aucun texte ne fait mention de l'emploi d'un moyen capable d'obtenir ce résultat. Cependant nous savons que les Egyptiens connaissaient un moyen de cette nature. Nous savons même qu'ils l'employaient dans des circonstances analogues. Lorsqu'ils déposaient les couches de momies de la plaine de Saqqarah sur des lits de charbon, c'est, apparemment, parce qu'ils avaient reconnu la vertu absorbante et désinfectante de cette substance. Pour détruire l'odeur émanée du natrum pendant l'embaumement, ils n'avaient donc qu'à recouvrir ce sel d'une couche de charbon, et l'opération pouvait alors se terminer seule sans manœuvre et sans encombre.

En effet, le corps humain après la mort devient, à sa surface, le point de départ d'une évaporation abondante de liquides. Dans l'embaumement égyptien, le natrum qui recouvrait la peau était alors plus ou moins dissous, et cette dissolution alcaline ramollissait et détruisait l'épiderme. A ce moment, le derme dépouillé de son enveloppe imperméable laissait transpirer les liquides profonds, en même temps que le natrum mis en contact avec lui prévenait sa décomposition, de la même manière qu'un lait de chaux alcalin, dans le tannage, provoque le départ de l'épiderme et des poils des animaux, et conserve sous nos yeux le derme de leur peau.

En attendant, les liquides du corps s'évaporaient de plus en plus, à travers le natrum sec et pulvérulent, et sous un climat ardent; alors les parties les plus déliées des membres se desséchaient les premières, comme nous l'avons vu dans notre expérience. Les parties plus volumineuses, le tronc lui-même, toujours conservés, comme nous l'avons également constaté, se desséchaient plus lentement et ne se trouvaient momifiés qu'au bout de soixante-dix jours.

L'embaumement égyptien n'était ni une salaison ni une consomption des chairs, la peau et les os exceptés, c'était une desquammation et une conservation du derme, à la faveur de laquelle les liquides du corps s'évaporaient naturellement dans l'espace de soixante-dix jours. Pour prévenir l'insalubrité de cette opération, il est infiniment probable que les Egyptiens couvraient de charbon le natrum dans lequel les corps se momifiaient insensiblement.

Si les hypogées de Thèbes et de Memphis fournissent aujourd'hui des exemples de conservation qui paraissent plus compliqués, si les récits des historiens s'éloignent de la simplicité fondamentale de cet embaumement, il faut l'attribuer d'abord aux tâtonnements que dut subir l'institution complète de sa formule. Ces hésitations qui accompagnent la naissance de tous les arts, se répétèrent plusieurs fois en Egypte. En effet, dans sa longue histoire, ce pays subit à plusieurs reprises des événements qui bouleversèrent les institutions et firent disparaître les résultats de la civilisation qu'il avait édifiée déjà. Ainsi, par exemple, la IVᵉ dynastie de l'Ancien Empire fut pour l'Egypte l'une des époques les plus brillantes de sa vie. Mais dès la Vᵉ et surtout dès la VIᵉ dynastie, la scène change, et pendant 436 ans l'Egypte semble disparue. Les monuments sont aujourd'hui muets sur cette partie de son existence nationale. Quelle fut la cause de cette longue éclipse? Nul ne le sait. Mais lorsque ce pays reparaît aux yeux de l'histoire sous la XIᵉ dynastie, les anciennes traditions sont oubliées, les noms propres usités dans les familles sont abandonnés, les titres donnés aux fonctionnaires, l'écriture elle-même et jusqu'à la religion, tout en lui semble maintenant nouveau. La tradition de l'embaumement dut éprouver les mêmes atteintes que les autres institutions du pays et la pratique dut se ressentir encore une fois des incertitudes de l'art.

Mais ces événements ne furent pas les seuls qui modifièrent les résultats de l'embaumement, la religion y contribua pour sa part. Sous l'Ancien et le Moyen Empire, la religion était absente des tombeaux. Les inscriptions et les représentations qu'on y plaçait n'avaient pour sujet que des faits ou des scènes de la vie civile.

Le défunt y est montré parmi ses serviteurs au milieu des danses et des jeux exécutés en son honneur. Ailleurs, il cultive les fleurs, il chasse, il pêche dans les nombreux canaux dont le pays est sillonné. Mais à dater de la XVIIIe dynastie, tout est changé. De graves événements religieux étaient survenus. Aménophis IV osa porter sur le culte national la main d'un réformateur. La mère d'Aménophis était étrangère. A Thèbes, dans la vallée d'Abou-Hamed, elle a les chairs peintes en rose, comme les femmes des races septentrionales. Elle apporta dans la maison royale le culte étranger d'Aten, probablement l'Adonaï des religions sémitiques. En souvenir de sa mère longtemps vivante dans son esprit, comme nous le montrent les hypogées de Tell-el-Amarna, Aménophis IV proscrivit Ammon, le dieu suprême de Thèbes, mutila ses temples, abandonna la capitale où il était adoré, en bâtit une nouvelle et prit lui-même le nom de Kou-en-Aten (la splendeur d'Aten). Mais la réaction contre les réformes du fanatique Aménophis ne tarda pas à s'éveiller. Après sa mort, le parti étranger qui donna quelques rois à l'Égypte, fut dispersé. Alors Horus, un roi d'un nom religieux cher à l'Égypte, recommença la série des princes légitimes. Les noms des rois sacrilèges furent martelés, leurs édifices furent détruits, et la capitale construite par eux fut démolie avec un soin si patient qu'il n'en resta pas une pierre debout. Le culte national, un moment ébranlé, ne voulut pas laisser de traces de sa commotion, et, pour mieux assurer désormais son empire, il étendit son domaine sur les rituels funéraires, envahit les tombeaux, et l'embaumement prit lui-même un caractère religieux. Dès lors, chaque organe du corps sera mis sous la protection spéciale d'une divinité; des scarabées sacrés seront placés dans l'abdomen des momies et leurs bandelettes se couvriront de prières. Qui sait si les incisions de l'abdomen prescrites et tracées par le scribe, si les entrailles jetées dans le fleuve avec cette prière qu'Hérodote, douze siècles plus tard, mettra dans la bouche d'Euphantus, ne datent pas de cette époque de réaction religieuse? Nous voyons aujourd'hui le résultat accumulé par le temps de ces pratiques influencées par des événements de toute sorte, et l'examen des détails qui furent introduits successivement jette de la confusion sur le fond même de l'embaumement. Il n'est pas jusqu'à l'emploi du bitume chaud, sur les corps déjà desséchés dans le natrum, qui ne témoigne de la variété des accessoires de l'embaumement, suivant les temps et les lieux. Le bitume chaud dont les Égyptiens imprégnèrent certains corps avait surtout pour effet de les préserver de l'humidité de l'air, absorbée par les sels plus ou moins déliquescents du natrum. Mais cette pratique n'était point nécessaire dans toute l'Égypte. Les nécropoles de la chaîne lybique, exposées directement aux vents de l'Afrique centrale et dont les souterrains offrent une température constante de 20° centigrades, ne sont point humides, et l'emploi du bitume dans les embaumements qu'elles recevaient, pouvait être plus ou moins négligé. Mais il en était autrement dans les localités plus basses et plus voisines du fleuve, comme la plaine de Saqqârah, près de Memphis. Aussi ce sont les caveaux de Saqqârah qui ont fourni les momies imbibées particulièrement de bitume et de pissasphalte et dont la conservation reste plus ou moins imparfaite malgré ce surcroît de précaution. Plus on étudie ce sujet, plus on voit que le fond de l'embaumement égyptien est contenu tout entier dans le passage de la loi de ce pays qui prescrit le séjour des corps dans le natrum pendant soixante-dix jours. Les accessoires qui s'ajoutèrent à cette pratique fondamentale doivent être rapportés soit à des événements religieux, soit aux besoins commandés par la topographie de certaines localités de l'Egypte.

Je ne quitterai pas ce sujet sans parler de la conservation des corps aux îles Canaries, car, à mes yeux, l'embaumement des Guanches n'est qu'une tradition des pratiques de l'Egypte.

Placé à l'extrémité orientale du continent africain, ce pays connut cependant tout le littoral de cette partie du monde et sans doute aussi les Canaries, qui s'élèvent comme une annexe de son bord occidental. En effet, sous le pharaon Néchao, de la XXVI° dynastie, une flotte entière partie de la mer Rouge, franchit le cap de Bonne-Espérance, longea les côtes occidentales de l'Afrique, passa le détroit de Gibraltar et retourna vers l'Egypte par la Méditerranée. Deux mille ans avant Vasco de Gama, l'Egypte doublait, en sens inverse, le cap des Tempêtes et réalisait la circumnavigation du continent africain.

Par combien de voyages partiels, une expédition d'ensemble aussi remarquable pour le temps avait-elle été préparée déjà? Les navires égyptiens pratiquèrent de temps immémorial les côtes africaines, et l'un d'eux porta sans doute jusqu'aux Canaries l'un des arts les plus originaux de son pays.

En effet, les Guanches, si pauvres en toute sorte d'arts, pratiquèrent celui de l'embaumement sur une grande échelle, et seuls, parmi les peuples de l'antiquité, en firent, comme les Égyptiens, une coutume nationale.

Sans doute, l'absence du natrum aux îles Canaries, dut y modifier les procédés de conservation. Mais le natrum, qui restituait des corps desséchés, montrait aux Guanches que la dessiccation devait être également l'objectif de leurs opérations. Ils le comprirent et les corps étaient d'abord exposés au soleil ardent. Dans cette condition, l'épiderme perdait rapidement son adhérence, et des frictions avec des baumes achevaient sa séparation. A ce moment, le corps évaporait promptement ses liquides et se desséchait, comme dans l'embaumement égyptien. Mais comme l'absence du natrum laissait le derme en danger de décomposition avant la dessiccation intégrale, on plaçait les corps dans des étuves et la dessiccation y devenait complète au bout de quinze jours.

Nous trouvons dans le travail de Bory de Saint-Vincent sur les îles Fortunées des détails intéressants sur la pratique des Guanches, et les rapprochements qu'on pourra faire entre elle et les procédés égyptiens pourront justifier encore la parenté que nous attribuons aux deux méthodes de conservation.

« Les arts des Guanches n'étaient pas nombreux ; le plus singulier sans doute est celui des embaumements.

« Les Guanches conservaient les restes de leurs parents d'une manière scrupuleuse, et n'épargnaient rien pour les garantir de la corruption. Par un but moral, chacun préparait lui-même les peaux de chèvres dans lesquelles devaient être enveloppés ses débris. Ces peaux étaient souvent dépouillées de leur poil; d'autres fois on l'y laissait, et l'on mettait alors indifféremment le côté velu en dedans ou en dehors (dans les peaux d'une momie entière que j'ai eue par les soins de l'. Broussonet, on voyait le poil, et il se trouvait en dedans). Les procédés dont on se servait pour faire des momies assez parfaites, qu'on nommait *xaxos*, sont à peu près perdus. Quelques écrivains ont cependant laissé des détails à ce sujet, mais peut-être ne 'sont-ils pas plus exacts que ceux o Hérodote nous a transmis sur les embaumements égyptiens.

« Quand on avait besoin du ministère des embaumeurs, on leur apportait le corps à conserver, et l'on se retirait aussitôt. Si le mort appartenait à des gens en état de faire une certaine dépense, on l'étendait d'abord sur une table de pierre; un opérateur lui faisait une ouverture au bas-ventre avec un caillou affilé, taillé en forme de couteau et appelé *taboua;* on en retirait les intestins, que d'autres opérateurs lavaient et nettoyaient ensuite; on lavait aussi le reste du corps, et surtout les parties délicates, comme les yeux, l'intérieur de la bouche, les oreilles et les doigts, avec de l'eau fraîche dans laquelle on avait fait dissoudre le plus de sel possible. On remplissait de plantes aromatiques les grandes cavités; on exposait ensuite le cadavre au soleil le plus ardent, ou dans des étuves quand le soleil n'était pas assez chaud. Pendant l'exposition on enduisait fréquemment le corps d'une sorte d'onguent composé de graisse de chèvre, de poudre de plantes odoriférantes, d'écorce de pin, de résine, de brai, de pierre-ponce et autres matières absorbantes. Feuillé croit que ces onctions se faisaient aussi avec une composition de beurre et de substances dessiccatives et balsamiques, parmi lesquelles il nomme la résine de larix ou mélèze, et les feuilles de grenadier, qui n'ont jamais eu la propriété de conserver.

« Le quinzième jour, l'embaumement était terminé ; la momie devait être sèche et légère ; les parents l'envoyaient chercher, et l'on célébrait les obsèques le plus magnifiquement que l'on pouvait. On cousait le mort en plusieurs doubles dans les peaux qu'il avait préparées de son vivant, et on le ceignait avec des courroies retenues par des nœuds coulants. Les rois et les grands étaient en outre placés dans une caisse ou cercueil d'un seul morceau et creusé dans le tronc d'une sabine, dont le bois passait pour incorruptible. On portait enfin les xaxos, ainsi cousus et encaissés, dans des grottes consacrées à les recevoir. L'autre manière de conserver les morts, moins dispendieuse, consistait à les faire sécher au soleil, après leur avoir introduit dans le ventre une liqueur corrosive : cette liqueur rongeait toutes les parties intérieures que le soleil n'aurait pu dessécher assez pour les empêcher de se corrompre. Comme les autres xaxos, les parents les cousaient dans les peaux, et on les portait dans les grottes.

« Ces momies, telles qu'on les trouve aujourd'hui, sont sèches, légères ; plusieurs sont parfaitement conservées avec leurs cheveux et leur barbe ; les ongles manquent souvent ; les traits du visage sont distincts, mais retirés ; le ventre est affaissé. Dans quelques-unes, on ne trouve aucune marque d'incision ; dans d'autres, on voit la trace d'une assez grande fente sur le flanc. Les xaxos sont d'une couleur tannée, d'une odeur ordinairement agréable ; exposés à l'air, hors des peaux de chèvres, qui sont admirablement bien conservées, ils tombent peu à peu en poussière ; ils sont piqués en plusieurs endroits, environnés de chrysalides de mouches venues probablement de vers déposés sur le corps pendant la préparation ; ces larves et ces chrysalides, qui n'ont pu se reproduire, se sont conservées saines et entières ainsi que la momie.

« Le chevalier Scory dit que ces momies ont plus de deux mille ans : on ne peut guère déterminer depuis combien de temps elles se conservent ; mais nous verrons par la suite qu'il y avait certainement plus de deux mille ans que les

Guanches embaumaient. Je croirais volontiers que, dans la composition corrrosive qu'on employait dans la seconde espèce de préparation, et peut-être même dans tous les embaumements, les Guanches se servaient du suc d'euphorbe : ils employaient sans doute celui de l'espèce propre à leur climat, qui est âcre et laiteuse ; j'en ai reconnu des morceaux entiers dans la poitrine d'une momie à laquelle il n'y avait cependant pas en d'incision. On m'a assuré qu'on en avait aussi tiré des feuilles très-bien conservées, et qu'on avait reconnues pour être de laurier. Pendant qu'on exposait les corps au soleil, on étendait les bras des hommes le long du tronc, et on croisait plus communément les bras des femmes devant la partie inférieure du ventre. On découvre de temps en temps de nouvelles catacombes aux Canaries. En 1758, on en trouva une à Palme ; mais, soit que les momies en fussent très-anciennes, soit qu'elles fussent mal embaumées, elles tombèrent aussitôt en poussière. A Fer, on a trouvé, sur les tables où l'on avait couché les xaxos, des meubles dont le mort avait usé pendant sa vie. Dans cette île, on murait les cavernes sépulcrales, pour qu'elles ne servissent pas de retraite aux oiseaux de proie et aux corbeaux.

« A Canaries, on ne se bornait pas toujours à placer les momies dans des grottes ; on élevait des tombeaux particuliers à certains morts de distinction. Ces morts privilégiés, embaumés et vêtus de leur habit, appelé tamarco, étaient placés sur des planches de bois de pin exhaussées, et la tête tournée du côté du nord. On bâtissait ensuite dessus un monument en pierre sèche, en forme pyramidale et souvent assez élevé. — On connaît plusieurs catacombes à Ténériffe : la plus célèbre est celle de Baranco de Herque, entre Arico et Guimar, au pays d'Abona ; elle fut découverte dans le temps que Clavijo écrivait ses *Noticias*. Il rapporte qu'on y rencontra plus de mille momies, tandis que dans les autres on n'en avait pas trouvé plus de trois ou quatre cents à la fois. C'est de là que sont venus les xaxos qui sont dans le cabinet du roi d'Espagne, et les deux que M. de Chastenet-Puységur envoya, en 1776, au Jardin des Plantes : les pieds manquaient malheureusement à l'une d'elles. »

DE L'EMBAUMEMENT

DANS LA PÉRIODE GRÉCO-ROMAINE.

La relation d'Hérodote resta lettre morte pour toute l'antiquité grecque et romaine. L'Egypte n'y trouva pas d'imitateurs. Par les produits de ses lacs, par le climat de son ciel, par les croyances spiritualistes de son peuple, ce pays avait institué l'art profondément local de ses embaumements. Un tel art ne pouvait et ne pourra jamais s'implanter ailleurs. Il devait commencer et finir sur les bords du Nil des Pharaons.

Mais si les procédés de l'Egypte tombèrent dans l'oubli, l'idée de l'embaumement ne disparut pas pour cela. L'embaumement n'est pas un fait brut et sans liaison avec la pensée générale d'un peuple. Il dérive au contraire d'un ordre de sentiments ayant plus ou moins cours dans certaines civilisations. Suivant que la personnalité humaine y est plus ou moins respectée dans les institutions publiques et privées, l'homme s'élève aux yeux de l'homme. Tout ce qui le touche gagne en dignité et devient l'objet de sentiments délicats. La mort qui blessera ces sentiments d'une manière si cruelle les rendra plus vifs encore. Les restes mortels de ceux qui furent chers seront entourés de soins pieux, et l'embaumement se présentera comme une satisfaction pour des cœurs ulcérés de leur perte.

La Grèce et Rome ne connurent pas ces émotions intimes. L'individu n'y comptait pas assez pour cela, dans la famille et dans l'État, tyranniques l'un et l'autre. Rome et la Grèce ne connurent et ne s'éprirent que des grandes personnalités publiques et n'eurent pour les honorer qu'un moyen public et impersonnel; elles en firent des demi-dieux et même des dieux au besoin. En cela, elles se glorifiaient elles-mêmes, au lieu de pleurer leurs morts. Le sentiment de l'humanité fit défaut à toute l'antiquité gréco-romaine. Aussi les tentatives d'embaumement y furent-elles informes et sans esprit de suite.

Homère nous apprend qu'on versa plusieurs fois du nectar et de l'ambroisie dans les narines de Patrocle, afin de conserver son corps. Les Grecs préservaient temporairement de la décomposition certains de leurs morts en employant le miel. Les dépouilles d'Agésilas furent ainsi rapportées à Sparte et le corps d'Alexandre-le-Grand fut également recouvert de cette substance. Les Perses ensevelissaient les grands personnages dans de la cire ; les Éthiopiens dans de la gomme ; les Juifs dans de la myrrhe, de l'aloës et d'autres aromates dont ils remplissaient les cercueils.

Ces divers procédés étaient sans doute très-insuffisants pour obtenir une conservation durable. Nous savons, au moins, pour les Juifs, que Moïse, à sa sortie de l'Egypte, n'emporta que les ossements de Joseph. D'ailleurs, jamais aucun auteur n'a fait mention de quelque témoignage matériel de l'efficacité de semblables opérations.

DE L'EMBAUMEMENT EUROPÉEN.

Plus nous avançons dans l'histoire, plus nous assistons à une longue éclipse de l'art des embaumements. A quelle époque et à quels procédés faut-il rapporter ce que disent Cœlius Rodiginus et Valatéron, si toutefois il convient d'accepter leur dire au pied de la lettre?

Durant le pontificat de Sixte IV, on trouva en la voie Appienne le corps d'une jeune fille ayant encore toute la beauté de son visage, les cheveux d'un blond doré et noués avec des bandes dorées; il s'était ainsi conservé dans une saumure dans laquelle il trempait entièrement, et on a cru que c'était le corps de Tulliola, fille de Cicéron.

Grâce à une préparation de sel inconnue, le corps d'une autre femme fut semblablement trouvé tout entier dans un mausolée près d'Albano, du temps du pape Alexandre VI. Ce pape donna ordre qu'on le jetât secrètement dans le Tibre, afin d'empêcher la superstition du peuple qui y accourait de toutes parts, parce que le corps était encore très-beau, quoiqu'il y eût treize siècles qu'il y fût déposé.

En admettant, ce qui est bien difficile, l'entière véracité de ces auteurs, des faits de cette nature étaient d'une extrême rareté, et personne ne peut soupçonner la cause artificielle de leur production.

Il faut arriver au seizième et au dix-septième siècle, en Europe, pour trouver des aspirations nouvelles vers l'art que nous étudions et pour assister à l'élaboration difficile qui le conduiront aux méthodes modernes.

A cette époque, le réveil des études anatomiques, les recherches d'histoire naturelle, les tentatives faites pour réunir les premières collections donnèrent dans toute l'Europe un mouvement très-vif à l'investigation des moyens conservateurs nécessaires à ces nouvelles directions de la science. Nous voyons alors Swammerdam, Ruysch, Aldrovande, tenir à honneur de posséder des formules particulières pour préserver de la décomposition les corps de l'homme et des animaux, objets de leurs études. Ces efforts spéciaux rappelèrent, sans doute, les esprits vers l'embaumement, mais ils ne suffisent pas pour expliquer la faveur nouvelle qui entoura rapidement cet art déjà presque oublié. En effet, il n'est pas alors un grand praticien de la médecine ou de la chirurgie qui ne se flatte d'avoir son procédé particulier d'embaumement. Rhasès, Ambroise Paré, Thomas Bartholin, Forestus, Van Horne, etc., etc., eurent leurs recettes et montraient dans leurs cabinets les spécimens plus ou moins heureux de leur savoir.

N'attribuons pas cependant exclusivement cette renaissance de l'embaumement au mouvement scientifique de cette époque. La nationalité arabe qui avait offert le semblable spectacle d'une brillante expansion des lettres et des arts, n'avait pas tiré de l'oubli la pratique des embaumements dont elle avait pourtant sous les yeux les innombrables restes. Les éléments moraux de l'embaumement faisaient défaut dans les harems de l'Islam. Quels sentiments les survivants pouvaient-ils y avoir pour les restes de ceux qu'ils eurent en médiocre estime pendant leur vie. Dans l'Europe chrétienne, au contraire, le mouvement d'une longue assimilation barbare était alors terminé, la féodalité s'était adoucie, l'esprit de l'Evangile se retrouvait. Le christianisme qui tient en deux mots : paternité divine et fraternité humaine, avait fait pour le respect de l'individu, pour la constitution de la famille et des sociétés, plus que le froid et dur génie de la Rome antique, plus que le sabre fanatique d'Omar. Il avait déjà rapproché les hommes et développé ces sentiments de bienveillance générale et de tendresse particulière qui sont l'honneur et le charme des mœurs publiques et privées. Ce sont eux qui inspirèrent alors la pratique des embaumements. Ce sont eux qui la soutiendront encore désormais. La société moderne, malgré des retours cruels, se fondera de plus en plus sur le respect de l'homme. Civiliser, ce sera conquérir contre une nature inconsciente et cruelle tout ce qui pourra grandir sa dignité physique, préparer sa dignité morale et répandre dans tous les rangs un grand idéal de l'humanité.

Les procédés d'embaumement qui surgirent en grand nombre à l'origine des temps modernes étaient loin de mériter le bruit qui se fit alors autour d'eux.

L'anatomiste hollandais, l'illustre Ruysch, prétendait connaître le moyen de conserver au corps humain, la forme, la couleur, le volume, la mollesse de ses diverses parties, c'est-à-dire les propriétés physiques de la vie. C'eût été là un grand art, et plus que personne peut-être, je puis affirmer ses grandes difficultés, car j'ai passé un grand nombre d'années dans des recherches entreprises pour le réaliser au musée de l'Ecole de médecine de Paris. Cette conservation dépend uniquement de la présence de l'eau de composition des tissus organiques, et rien ne peut empêcher son évaporation naturelle après la mort.

Je ne crois donc pas que, malgré sa dextérité bien connue, Ruysch ait réalisé la conservation indéfinie des parties diverses du corps humain, avec leurs qualités physiques particulières. Le temps a donné d'ailleurs la preuve de l'inanité de ses espérances. Son cabinet fut acheté par le czar Pierre Ier, avec le manuscrit dans lequel il faisait connaître la composition de la liqueur conservatrice dont il se servait. Or, il ne reste rien aujourd'hui des pièces qu'il avait préparées, et Geoffroi qui fut chargé, en 1773, de faire des expériences avec ses procédés, qu'on croyait avoir retrouvés, n'obtint aucun résultat satisfaisant. Pour l'honneur de la mémoire de Ruysch, il vaut mieux conclure à l'illusion qu'à l'improbité du savant.

Swammerdam, naturaliste de mérite, compatriote de Ruysch, prétendait, comme lui, posséder le moyen de conserver le corps humain de toute altération, après la mort. Nous ne connaissons de ces procédés que des détails laissés par Strader dans une note de son édition des œuvres d'Harvey. Voici ce qu'il en dit :

« C'est avec raison qu'on a préféré à la méthode égyptienne l'art qui endurcit tellement les cadavres et leurs parties, qu'ils ne perdent rien de leur substance, qu'ils ne changent ni de couleur ni de forme, qu'ils laissent à l'anatomiste tout le loisir désirable d'examen, sans présenter l'effusion du sang ni la malpropreté dégoûtante qui répugnent aux praticiens trop délicats et qui empêchent ordinairement d'observer les entrailles des sujets.

« Je vais publier, tel qu'il m'a été communiqué, ce procédé admirable, auquel a bien voulu m'initier autrefois Cl. Dn. Swammerdam, qu'on ne saurait assez louer. Or, il faut qu'on prépare un vase d'étain d'une grandeur suffisante pour contenir le corps qu'on veut embaumer : qu'on y mette, à une distance environ de deux doigts du fond, une petite claie de bois percée de petites ouvertures; que sur cette claie on place le cadavre, et qu'ensuite on verse de l'huile de térébenthine à une hauteur de trois doigts; qu'on tienne en repos le vase, légèrement et de moins en moins hermétiquement couvert, pendant un espace de temps déterminé; de cette manière, cette huile, d'une nature pénétrante, s'infiltrera peu à peu dans les pores du cadavre sur lequel on l'a jetée, et expulsera la partie aqueuse, cause principale de la fermentation qui tend à corrompre. Cette partie aqueuse, descendant par la propriété de gravité, et se distillant à travers la chair, occupera avec le temps l'espace entre celle-ci et le fond, et pendant ce temps, la partie la plus subtile du baume s'exhalera, à cause de l'herméticité moins grande du vase; plus elle s'évaporera, plus le corps s'endurcira et s'imbibera du marc épais de l'huile, dont l'effet pourrait se comparer à celui d'une moelle gommeuse : il pourra, par conséquent, demeurer hors du liquide et en plein air sans se corrompre, sans qu'on ait à craindre la putréfaction ni les vers. — Quant au temps qu'il faut conserver le cadavre dans le baume, il varie selon la différence des choses à conserver; tel est l'espace plus ou moins long qu'on doit observer.

« L'embaumement d'un embryon de six mois s'accomplit presque en autant de mois.

« Le squelette de ce même embryon n'a besoin que de deux mois environ.

« Les membranes du cœur, trois mois ;

« Les vaisseaux du foie et du placenta, dégagés de leur chair, un mois ;

« Les vaisseaux de la rate, dix jours ;

« Les intestins, un mois.

« On assignera ainsi de suite pour les autres vaisseaux un certain temps, qu'il ne sera pas difficile de trouver ni de déterminer par l'expérience.

« Il faut toutefois faire attention à ce que, pendant cette opération, les parties soient un peu serrées et comprimées dans une proportion égale et convenable ; la coction du corps empêche que la peau ne contracte des rides, soit qu'on la fasse avant la déposition dans l'huile, soit après que le cadavre y est resté plongé pendant deux mois. Pour que le sujet conserve toute sa beauté et sa blancheur naturelle, il le macère dans une préparation d'alun pendant quelques jours avant qu'on ne l'embaume. Pour que les membres conservent une forme et un état convenables, on doit les plonger dans le baume au commencement de l'hiver, vers le mois de novembre, pour les exposer ensuite à la rigueur du froid, non pour les geler, mais pour les endurcir légèrement.

« En suivant ce procédé avec soin, on détruit entièrement tous les germes de [putréfaction cachés dans le corps, à tel point que les entrailles se pénètrent profondément de ce baume, et qu'elles peuvent résister aux atteintes éternelles de l'air.

« Que si l'on veut conserver une partie sans le procédé ci-dessus mentionné, il faut d'abord en extraire le sang par une saumure, en tirer le sel au moyen d'eau pluviale, et, après l'avoir mis dans l'ombre pour qu'elle ne se pourrisse pas, l'enduire d'un mélange composé de trois quarts d'huile de térébenthine et d'un quart de mastic, de manière qu'elle acquerra une brillante apparence, et même une sorte de croûte légère, surtout si l'on introduit dans la préparation une plus grande quantité de mastic.

« Quant à la préparation des membres et de toutes les parties qui en dépendent, on doit observer un procédé particulier : il faut bien sécher les vases, quelle que soit leur matière, et y placer ensuite des bagnes bien appropriées à la cavité, et préalablement enduites de suif, qu'on retire avec soin quelques jours après. Ainsi les membres, grands et petits, doivent être placés dans du coton bien imbibé de suif, être étendus dans toute leur longueur, comme, par exemple, on étend les toiles de vaisseaux capillaires sur des bâtons enduits de suif, d'où on les retire facilement à l'aide d'un peu de feu qu'on place au-dessous, et qui fait ainsi fondre le suif.

« Mais j'en ai assez dit pour cette fois; peut-être plus tard aurai-je une occasion plus favorable de rapporter d'autres faits semblables et même plus admirables; car j'ai vu chez Swammerdam, dont j'ai parlé plus haut, diverses pièces embaumées avec tant de talent, qu'outre toutes leurs propriétés naturelles, elles avaient aussi celle d'être continuellement molles et flexibles; je dois m'en tenir à la transmission de ce procédé, pour ne point diminuer l'éclat de la belle œuvre que je viens de décrire en en introduisant une encore plus belle sur la scène, etc. »

— Gannal nous fait connaître qu'il fut séduit par la précision des détails fournis par Strader et qu'il expérimenta les procédés de Swammerdam. Mais il ne fut pas plus heureux avec lui que Geoffroy ne l'avait été avec Ruysch, un siècle auparavant. Malgré le lyrisme de Strader, je ne crois pas aux corps endurcis par Swammerdam, avec leurs formes et leur couleur naturelle. Il n'est parvenu jusqu'à nous aucun témoignage matériel de ces résultats admirés.

De Bils, hollandais comme les auteurs précédents, se vantait également d'avoir un procédé pour conserver toutes les parties du corps humain. Après sa mort, le manuscrit qu'il avait laissé sur ce sujet, fut remis à Pallas qui s'empressa de le publier, et nous le trouvons inséré dans le tome LIII de l'ancien *Journal de Médecine, Chirurgie et Pharmacie*.

« L'auteur conseille d'avoir une caisse d'étain sans couvercle, ayant huit pieds de longueur, deux de largeur et trois de hauteur; cette caisse est renfermée dans une autre de bois de chêne très-sain, dont les jointures sont maintenues solidement par des bandes de fer; elle doit fermer exactement et être munie d'un fort couvercle. On met dans la caisse d'étain soixante livres de tan en poudre grossière, cinquante livres d'alun de Rome, autant de poivre, et cent livres de sel gemme. On verse sur ce mélange seize cents livres d'excellente eau-de-vie, avec environ huit cents livres de bon vinaigre. Après avoir bien agité ce mélange avec une spatule en bois, on le laisse macérer pendant une ou deux heures. Pendant ce temps, on fait l'incision cruciale assez grande pour que la liqueur puisse imprégner toutes les cavités. On pratique une autre incision cruciale à l'occiput et on enlève une pièce de l'os, sans rien enlever de l'intérieur du crâne. Pour augmenter l'effet antiseptique de la liqueur, on peut injecter de l'eau-de-vie dans les intestins et les nettoyer ainsi. Après cela, on enveloppe le corps dans une toile fine qu'on lie avec un cordon de soie, au-dessus de la tête et des pieds. Alors on le suspend dans la liqueur, au moyen d'un cordon de soie, des pieds et de la tête, qu'on fixe sur un cadre de bois, de manière à ce que le corps soit recouvert d'environ deux pieds de liqueur. On étend ensuite sur la caisse d'étain des couvertures de laine bien épaisses, on y baisse le couvercle en bois et on lute les jointures avec de la cire. Le troisième jour de l'immersion on en sort le mort et on l'y remet pendant vingt-sept autres jours. On le renverse alors sur le ventre pour en faire couler la liqueur et on lave les cavités avec l'eau-de-vie. Après avoir remué le mélange, on y replace le corps, en ayant soin de n'en point détacher les cheveux, l'épiderme ni les ongles qui tiennent alors fort peu. Après les trente jours, on le place dans une autre caisse remplie de la même composition, et on l'y immerge pendant trente autres jours ; alors il est beaucoup plus ferme ; on peut le manier plus facilement, peigner les cheveux, etc.; après avoir lavé la peau avec une éponge douce, on peut l'exposer à l'air plusieurs jours et l'habiller si on le désire.

« Après qu'on a bien nettoyé la première caisse, on y verse la même quantité de vinaigre et d'eau-de-vie avec :

Aloès,
Myrrhe   }   āā 44 livres.

Mastic,
Noix muscades,
Gérofle,
Cannelle,

$\overline{aa}$ **20** livres.

Le tout en poudre.

« Le corps reste en macération dans ce mélange pendant deux mois. Au bout de ce temps, on le lave avec la partie liquide de cette teinture alcoolique ; on replace dans le ventre tout ce qui a pu en sortir et on le fait sécher. Au moyen d'un feu doux on fait sécher les matières du bain ; on les fait servir de première couche pour le cercueil où le mort doit être conservé. Si l'on veut obtenir une momie incorruptible, on le fait sécher dans un petit local bien fermé qu'on chauffe fortement. Dans cette sorte d'étuve, on brûle aussi tous les jours deux livres d'encens et de mastic ; de temps en temps, on doit retourner le corps et en essuyer l'humidité. La dessiccation qui ne fait que rendre la momie plus parfaite, étant terminée, on la frotte avec un liniment composé de :

Ambre gris,	6 onces.
Baume du Pérou,	8 onces.
Huile de cannelle,	4 onces.

« On la place alors dans une caisse d'étain, renfermée dans une autre de plomb. »

Le procédé de De Bils devait assurément être efficace. Mais que nous faut-il penser de la science qui s'honorait d'avoir à sa disposition des moyens aussi longs qu'ils étaient difficiles, ingrats et répulsifs.

Je ne m'arrêterai pas plus longtemps à passer en revue les moyens que chacun prétendait posséder. Clauderus, Donzellus, Charus avaient tour à tour des méthodes empiriques, aussi insuffisantes les unes que les autres, car aucun d'eux n'avait une idée réelle des conditions à remplir pour assurer la conservation du corps humain après la mort. Tous ces procédés étaient une imitation grossière de la méthode égyptienne, mais seulement dans ce qu'elle avait d'accessoire et de superflu. On pourra facilement en juger par l'exposé suivant de Pénicher, exposé qui résume la pratique jusqu'à l'avénement de Chaussier.

« Il y a plusieurs manières d'embaumer.

« La première, qui est tirée de l'Ecriture sainte, n'empêchait pas que les corps ne fussent bientôt altérés, puisque l'on n'ôtait point les viscères qui causent la corruption.

« La seconde est celle où l'on se contente de vider et de nettoyer seulement les cavités qui contiennent les entrailles, le cerveau et les autres parties nobles, les remplissant ensuite de poudre aromatique, avec des étoupes et du coton.

« La plus usitée et la plus parfaite qui se pratique est la troisième, qui consiste à faire des incisions à toutes les parties du corps, comme nous en parlerons dans la suite.

« On en pourrait ajouter une quatrième, qui n'a pas lieu à l'égard des corps maigres et décharnés; elle ordonne d'ôter les graisses et les chairs, en sorte qu'il ne reste que la peau et les os. Cette façon n'était pas inconnue aux Egyptiens, et je l'ai fait mettre plusieurs fois en usage; mais ce travail est laborieux et demande un habile chirurgien.

« Enfin, il y a une dernière méthode d'embaumer les corps, laquelle s'exécute en faisant de petites ouvertures à certaines parties, sous les aisselles, aux aines et à l'anus, selon l'ancien usage des Egyptiens. Pour commencer cette importante opération, il faut premièrement que le chirurgien qui a l'honneur d'être employé à embaumer un roi ou quelque prince souverain, sous les ordres de son premier médecin, en présence des officiers de la couronne, fasse avec le bistouri quelque taillade à la plante des pieds, afin d'éprouver par cette opération si le sujet dont il veut ouvrir le corps est véritablement décédé : ce qui est un moyen plus sûr que les onctions que l'on pratiquait autrefois en pareille occasion pour réveiller les esprits animaux que l'on soupçonnait de n'être qu'assoupis. Il fera ensuite une longue incision, depuis la partie supérieure du sternum, pour donner moyen d'examiner les parties de la poitrine et de chercher la cause de la maladie et de la mort, afin d'en faire un rapport fidèle qu'on donnera par écrit, étant fait de concert avec les médecins et chirurgiens du roi présents. Il ôtera toutes les parties qui sont contenues dans cette capacité du corps; après il descendra au bas-ventre, dont on examinera toutes les parties, qu'il tirera dehors pour cet effet, retirant tout ce qui est disposé à la pourriture. Les parties qui doivent être ôtées sont, entre autres, le gosier, qui comprend la trachée et l'œsophage; la langue, les yeux, les poumons, le cœur, qui sera tiré de son péricarde pour être embaumé séparément, ainsi qu'il se pratique d'ordinaire; l'estomac, le foie, la rate, les reins, les intestins, le cerveau, les membranes, les graisses, le sang, les sérosités, les éponges et autres matières qui auront servi durant le travail, mettant toutes ces choses dans un baril pour être portées au lieu destiné. Je sais qu'il y a des auteurs qui ordonnent d'extirper les parties génitales aux deux sexes; mais, outre que ce serait défigurer le corps d'un homme, ces parties se peuvent conserver aussi bien que les autres, et d'ailleurs nous devons avoir du respect pour les instruments qui nous ont donné l'être — Le chirurgien, ayant vidé ces cavités, doit travailler à la tête, de laquelle il sciera le crâne, ainsi qu'on a coutume de faire pour les démonstrations anatomiques; et après qu'il aura examiné le cerveau et qu'il l'aura enlevé, l'apothicaire lavera exactement et fortement les cavités du crâne avec du vin aromatisé et de l'esprit-de-vin; ensuite il les remplira avec de la poudre qu'il aura préparée, et avec du coton ou des étoupes imbibées de quelque baume liquide, de manière qu'il y ait plusieurs couches de cette poudre et de ces étoupes alternativement appliquées les unes sur les autres, après quoi on rejoindra les os du crâne séparés, et on recoudra la peau. Il frottera ensuite toute la tête d'un des baumes liquides, et bassinera très-souvent le visage avec les mêmes baumes; il couvrira la tête d'un bonnet ou d'une coiffe, qui sera cirée et profonde, après qu'il aura insinué dans les narines, dans la bouche, dans les orbites des yeux et dans les oreilles, du coton imbibé et chargé de baume en liqueur, des huiles de muscade ou de gérofle; il travaillera au bas-ventre, qui sera lavé avec le même vin aromatisé, puis avec de l'esprit-de-vin, et il le frottera de quelqu'un des baumes susdits, et enfin il le farcira abondamment de poudres et d'étoupes, jusqu'à ce que toutes ces matières distribuées les

unes entre les autres forment la grosseur naturelle du ventre que le chirurgien recoudra. Le
chirurgien prendra garde que la dissection soit
faite dans les veines et dans.les artères, afin d'en
épuiser le·sang et les humidités : ce qui sera
observé aux bras, aux mains, aux cuisses, aux
jambes, aux pieds, aux talons, aux bourses et aux
autres parties, comme au dos, aux épaules, aux
fesses, tournant pour cet effet le corps et lui
appuyant le ventre et la face contre la table;
dans ces endroits épais et charnus, les incisions
seront longues, profondes et en grand nombre,
en sorte qu'elles pénètrent jusqu'aux os, et lorsque les gros vaisseaux seront ouverts et purgés
de leur sang, le pharmacien répandra quantité de
poudre dans tous ces espaces, qu'on refermera
ensuite avec le fil et l'aiguille, après qu'ils auront
été arrosés et bassinés avec le vin aromatisé et
avec l'esprit-de-vin; car il faut avoir le soin d'é-
tuver incessamment ces parties, en absorber, s'il
se peut, toutes les humidités, et les dessécher en
quelque façon avec l'éponge, avant que de les
frotter du baume liquide ou d'un des liniments,
et de les remplir avec les étoupes et lesdites poudres. Enfin le tout sera recousu très-proprement,
afin que le corps ne soit pas méconnaissable;
c'est pour cela que l'on ne doit pas faire d'incision
au visage, et on tâchera de conserver tellement

les traits qu'il puisse être facilement reconnu,
ainsi que je l'ai observé depuis peu à une ouverture qui fut faite au cercueil d'un évêque, qui
avait été embaumé il y avait plus de cinquante
ans, et dont le visage n'était point du tout défi-
guré. Pour cette raison, l'artiste se servira de
poudres fines, d'aloès, de myrrhe et d'autres; à
l'égard du corps, il le frottera et oindra avec le
liniment qu'il aura préparé, y ajoutant de la poudre dont il fera comme une pâte. — Et il faut remarquer qu'à mesure qu'il achèvera d'embaumer
chaque partie, le chirurgien doit la bander avec
des bandes de linge trempées dans le liniment, en
sorte qu'elles soient comme une espèce de corset
et en xiastre, qu'elles fassent plusieurs circonvolutions les unes sur les autres, pour tenir les
parties du corps serrées, et empêcher les aromates
de sortir des cavités qui en seront remplies; ces
bandes doivent commencer par le cou, pour finir
aux pieds et aux mains : elles seront longues et
larges pour bander le corps, les cuisses, les jambes et les bras, mais étroites et courtes pour les
doigts.

Cela fait, on mettra la chemise lavée comme il
a été dit; on ornera le sujet des marques extérieures des dignités qu'il aura possédées durant
sa vie, et on l'ensevelira dans un drap de linge
imbibé de liniment qui servira de sparadrap, que

l'on nouera par les deux extrémités avec du ruban, par-dessus quoi on l'enveloppera de la toile cirée, qui sera liée très-étroitement avec de la corde. Enfin on le déposera dans le cercueil, dont on remplira tous les intervalles vides avec ce qui sera resté de la poudre, s'il y en a, ou avec des paquets d'herbes aromatiques séchées; on le fermera et on le soudera avec toute l'exactitude possible. On appliquera par dehors une plaque de cuivre, ou d'un autre métal durable, sur laquelle on aura fait graver une inscription convenable pour servir de mémoire à la postérité. Le cercueil sera mis dans un autre de bois, que l'on couvrira si l'on veut d'un drap mortuaire.

Ce travail étant achevé, on viendra au cœur, qui, comme j'ai déjà dit, est embaumé séparément. On suppose donc qu'ayant été tiré de sa place, détaché du péricarde et ouvert par ses deux ventricules, lavé plusieurs fois d'esprit-de-vin et bien nettoyé du sang caillé et des autres impuretés qui pourraient y être attachées, on l'aura fait tremper durant les opérations précédentes dans d'autre esprit-de-vin, ou dans de l'huile de térébenthine distillée. L'apothicaire reprend donc ce viscère ainsi préparé; il remplit ses ventricules avec les poudres d'aloès, de myrrhe, de benjoin, de styrax; il peut même le frotter d'huile ou essence de muscade, de gérofle, de

cannelle, comme aussi de teintures d'ambre gris,
de musc, de civette ; puis après il l'ajustera dans
du coton parfumé, pour contenir les poudres qui
feront, avec les huiles, comme une pâte, et on le
mettra dans un petit sac de toile cirée et aroma-
tisée de quelqu'une des susdites essences, dont
on frottera aussi la boîte où il doit être enfermé,
tant intérieurement qu'extérieurement, et on la
soudera comme il faut, pour être enveloppée dans
un taffetas d'une certaine couleur, lequel sera
pareillement imbibé et frotté des essences ou
teintures, et noué de rubans de la même couleur :
la couleur violette est celle qui est convenable
pour les ecclésiastiques.

Je me souviens d'avoir embaumé le cœur d'un
abbé de qualité, qui était d'une vie exemplaire :
l'odeur qui s'en exhalait était *si suave et si agréable, qu'elle parfuma pendant plusieurs mois le
chœur du couvent des Dames-Religieuses où il
avait été porté.*

Le corps et le cœur étant ainsi embaumés, il
ne nous reste plus qu'à parler des entrailles, des
poumons, du cerveau, etc. Pour nettoyer plus
aisément ces viscères, on coupera les intestins
en long, on fera des incisions aux poumons, à la
rate, à la matrice et aux autres parties qui étaient
contenues dans le corps ; on les nettoiera du
sang, des sérosités et des autres saletés qui les

pourriraient en peu de temps ; puis on les lavera avec d'excellent esprit-de-vin , étant auparavant lavés avec d'autres liqueurs ; on les arrangera après dans le baril, en sorte que la poudre couvre premièrement le fond, mettant une partie des viscères sur cette première couche, et ensuite un second lit de poudre, et l'on continuera ainsi à mettre les viscères et les poudres alternativement et par lits, jusqu'à ce que le baril soit presque plein, observant que le dernier lit soit de cette poudre préparée, qu'on ne doit pas épargner en cette rencontre. Ce baril, qui doit être de plomb, sera enfermé dans un second qui sera de bois, que l'on enfoncera et poissera exactement (on ne se servit que d'un baril de bois pour Henri III, roi de France).

Enfin, lorsqu'on doit exposer le corps en public dans le lit où il est décédé, l'on lave le visage avec de l'esprit-de-vin, et avec du véritable baume on le rafraîchit très-souvent ; mais quand il faut qu'il soit exposé sur un lit de parade pour y rester plusieurs jours, on se contente d'ordinaire de le faire mouler en cire, et de montrer seulement sa figure... pendant que le corps est sous le lit, embaumé dans un cercueil.

Mais, pour tous les autres sujets, ceux qui doivent être transportés, on s'écartera le moins possible des prescriptions suivantes. Après avoir vidé le cerveau par un large trépan fait au derrière de la tête, avoir ôté les viscères, le gosier, les membranes, scarifié les parties charnues et les avoir purgées du sang et des autres sérosités, on doit mettre le cadavre dans une des lotions ou dans une des saumures décrites au chapitre V, dont on choisira les matières selon le lieu et la saison où on se trouvera; et, au bout de quelques jours de macération, le sujet étant bien égoutté, on insinuera dans le vide du crâne de la cire neuve fondue, après quoi on remettra la pièce du crâne enlevée; on recoudra la peau, on emplira pareillement la poitrine et le bas-ventre de cire fondue, et on les recoudra; ensuite on appliquera dans les scarifications des poudres, des aromates ou des herbes que le pays pourra fournir; l'on bandera le corps exactement avec des bandes de toile imbibées dans un des liniments susdits, et, au défaut, dans de la térébenthine, ou dans une teinture de myrrhe et d'aloès, dont on le frottera avec de grosses brosses; ensuite de quoi on placera le cadavre (ainsi qu'on l'a fait à ceux d'Alexandre et d'Agésilaüs) dans un cercueil rempli de bon miel, de sorte qu'il en soit partout pénétré et environné tant par dedans que par dehors; et après qu'on aura mis ce cercueil bien soudé dans un autre de bois qui sera bien poissé, on le transportera au lieu destiné.

Là, on le lavera avec de l'esprit-de-vin avant de le montrer au public.

Mettons maintenant sous les yeux deux procès-verbaux d'embaumements du temps, afin de faire bien comprendre l'enchaînement de ces opérations.

Embaumement du pape Alexandre VI.

Le ventre fut d'abord ouvert jusqu'à la poitrine, en ayant bien soin de ne pas percer les intestins; on les sortit du corps, ainsi que le foie, la rate, le cœur, les poumons, les reins, la langue; on les lava, et après les avoir incisés, on les plaça dans un vase. On épongea ensuite soigneusement le corps pour le sécher; on lava ensuite l'intérieur avec de l'eau-de-vie; on épongea de nouveau et l'on répéta jusqu'à quatre fois cette opération; on remplit ensuite le ventre d'une poudre composée :

de myrrhe,	de santal,
d'aloès succotrin,	de bois d'aloès,
d'aloès caballin,	de cumin,
de suc d'acacia,	d'alun calciné,
de macis,	de sang dragon,
de noix de galle,	de bol d'Arménie,
de musc,	de terre sigillée.

Du tout parties égales.

On mit successivement dans le ventre une

couche de cette poudre et une couche de coton,
jusqu'à ce que cette cavité fût remplie. Après
l'avoir cousu, ils remplirent la bouche de cette
poudre. Ils trempèrent ensuite du coton dans un
mélange fait avec du baume et un blanc d'œuf, et
en bouchèrent l'anus, les oreilles, la bouche et le
nez; ils enveloppèrent ensuite tout le corps d'un
sparadrap fait avec de la cire et de la térébenthine.

Procés-verbal de l'embaumement fait pour Mme la
Dauphine par M. Riqueur, apothicaire du roi et
de cette princesse, accompagné de M. son fils
aîné, reçu en survivance, en la charge d'apothi-
caire du roi.

Cet embaumement s'est exécuté avec tout le
désintéressement, l'habileté et la prudence qu'on
a pu désirer, en présence de M. d'Aquin, alors
premier médecin du roi; de M. Fagon, premier
médecin de la feue reine, et qui l'est présentement
du roi; de M. Petit, premier médecin de monseigneur le dauphin; de M. Moreau, premier médecin de feu madame la dauphine; de M. Félix,
premier chirurgien du roi; de M. Clément, maître
chirurgien de Paris et accoucheur de ladite princesse. M. Dionis, son premier chirurgien, opérait,
étant aidé de M. Baillet, chirurgien ordinaire, et

d'un autre chirurgien du commun : madame la duchesse d'Arpajon, sa dame d'honneur, madame la maréchale de Rochefort, dame d'atour, et plusieurs femmes présentes.

Description du baume fait pour Mme la Dauphine.

Racines d'iris de Florence, 3 livres.
Souchet, 1 livre 1/2.
Angélique de Bohême, gingembre, calamus aromaticus, aristoloche, aa 1 livre.
Impératoire, gentiane, valériane, aa 1/2 livre.
Feuilles de mélisse, basilic, aa 1 livre 1/2.
Sauge, sariette, thym, aa 1 livre.
Hyssope, laurier, myrrhe, marjolaine, origan, rhue, aa 1/2 livre.
Auronne, absinthe, menthe, calament, serpolet, jonc odorant, scordium, aa 4 onces.
Fleurs d'oranger, 1 livre 1/2.
Lavande, 4 onces.
Romarin, 1 livre.
Semences de coriandre, 2 livres 1/2.
Cardamone, 1 livre.
Cumin, caris, aa 4 onces.
Fruits et baies de genièvre, 1 livre.
Gérofle, 1 livre 1/2.
Muscade, 1 livre.
Poivre blanc, 4 onces.
Oranges séchées, 3 livres,
Bois de cèdre, 3 livres.
Santal citrin, roses, aa 2 livres.
Écorces de citron, d'orange, de cannelle, aa 1/2 liv.
Styrax calamite, benjoin, oliban, aa 1 livre 1/2.

Myrrhe, 2 livres 1/2.
Aloès, 4 livres.
Sandarac, 1/2 livre.
Esprit-de-vin, 4 pintes ; — de sel, 4 onces.
Térébenthine de Venise, 3 livres.
Styrax liquide, 2 livres.
Baume de copahu, 1/2 livre.
Baume du Pérou, 2 onces.
Toile cirée.

Le cœur, après avoir été vidé, lavé avec de l'esprit-de-vin et desséché, fut mis dans un vaisseau de verre avec cette liqueur ; et ce même viscère, ayant été ensuite rempli d'un baume fait de cannelle, de gérofle, de myrrhe, de styrax et de benjoin, fut enfermé dans un sac de toile cirée de sa figure, lequel fut mis dans un cœur ou boîte de plomb, qu'on souda aussitôt pour être donné à madame la duchesse d'Arpajon, qui le mit entre les mains de monseigneur l'évêque de Meaux, premier aumônier de feu madame la Dauphine, qui le porta ensuite au Val-de-Grâce. L'ouverture du corps fut faite le plus exactement qui se puisse par M. Dionis, son premier chirurgien : M. Riqueur remplit toutes les capacités d'étoupes et de baume en poudre. Les incisions furent faites le long des bras jusque dans les mains, lesquelles furent munies de cette poudre aromatique, après qu'on eut exprimé tout le sang et qu'on les eut lavées avec de l'esprit-de-vin ; on en fit autant aux cuisses, qui furent incisées de part et d'autre depuis les reins jusque sous les pieds, et le tout fut proprement recousu. — On se servit d'une grosse brosse pour frotter le corps d'un baume liquide et chaud, fait avec de la térébenthine, du styrax et des baumes de copahu et du Pérou, comme il est dosé ci-devant. Chaque partie fut enveloppée avec des bandelettes trempées dans l'esprit-de-vin; l'on mit autant que l'on put de ladite poudre aromatique entre le corps et les bandelettes. Le corps fut revêtu d'une chemise et d'une tunique religieuse et environné d'autres marques de dévotion particulière, comme d'une petite chaînette de fer, au bout de laquelle il y avait une croix, que cette princesse gardait dans un coffre qu'elle avait fait apporter avec elle de Bavière. On l'enveloppa ensuite dans une toile cirée et on lia fort étroitement pour être posé dans un cercueil de plomb, au fond et autour duquel il y avait quatre doigts dudit baume en poudre. Ce cercueil, étant bien soudé, fut enchâssé en un autre de bois, tous les espaces vides ayant été remplis d'herbes aromatiques séchées. Les entrailles, bien préparées, furent mises dans un baril de plomb avec une grande quantité des mêmes poudres aromatiques; on le souda bien et on l'enferma dans un baril de bois. »

Que pourrais-je dire de ces opérations? La lecture seule de leurs détails fait frémir, et je n'ose pas croire qu'aucune d'elles pût être pratiquée devant ceux qu'un sentiment affectueux porte à désirer un embaumement. Mais ce n'était pas assez pour cette méthode d'être irrespectueuse et barbare, elle était encore sans aucune valeur. Les tombes de cette époque n'ont rendu qu'un amalgame plus ou moins informe d'os et de poudres noires, décomposées elles-mêmes par leur fermentation avec les tissus du corps. Comme toute cette science indigeste et niaise de la pharmacopée du temps était loin de la simplicité et de la sûreté de l'embaumement égyptien qu'elle prétendait imiter pompeusement. Par le fait unique de l'ensevelissement dans le natrum et sans aucune manœuvre, le corps atteignait en soixante-dix jours une entière dessiccation, garant véritable de la conservation. Les Egyptiaques européens ne s'inquiétaient même pas de la dessiccation. Ils concentraient sous leurs vernis et sous leur sparadrap imperméable les liquides que les tissus retenaient encore et qui devaient être la condition d'une fermentation prochaine.

Des procédés semblables ont pu cependant être transmis jusqu'à nous. Car, si les progrès de la chimie moderne réussirent à leur donner un peu plus d'efficacité, ils ne changèrent pas encore leur triste manuel.

DE L'EMBAUMEMENT CHAUSSIER.

Dans les premières années de notre siècle, le professeur Chaussier, de l'Ecole de Médecine de Paris, reconnut les propriétés antiseptiques du deuto-chlorure de mercure. Une dissolution dans l'eau ou dans l'alcool de cette substance conservait parfaitement les parties du corps plongées dans leur sein. Ce résultat est obtenu par la combinaison du sel métallique avec la substance animale. Le composé nouveau se dessèche rapidement à l'air libre et se trouve désormais à l'abri de toute putréfaction, des attaques des insectes et de l'action de l'humidité atmosphérique.

La découverte de Chaussier fut promptement introduite dans les embaumements. Elle constituait un principe nouveau sur lequel l'art tentera plus tard de s'établir. En effet, jusqu'à ce jour, l'embaumement du corps humain avait reposé sur la dessiccation de ses tissus, bientôt il aura pour fondement leur combinaison avec telle ou

telle substance chimique qui les rendra incorruptibles, sans dessiccation préalable. Cette nouvelle
direction pouvait se plier heureusement aux convenances et à la délicatesse des mœurs modernes.
Il n'en fut rien pourtant, dès son apparition. Le
manuel de sa mise en pratique était à trouver,
et l'embaumement fut encore exécuté suivant
l'odieux procédé que nous avons fait connaître.

Voici, en effet, comment Boudet, pharmacien,
chargé officiellement de l'embaumement des sé-
nateurs du premier Empire français, rend compte
de ses opérations :

« On prépare pour cette opération :

« 1° Une poudre composée de tan, de sel décré-
pité, de kina, de cannelle et autres substances
astringentes et aromatiques, de bitume de Judée,
de benjoin, etc.; le tout, mêlé et réduit en poudre
fine, est arrosé d'huile essentielle : le tan forme
la moitié du poids et le sel le quart.

« 2° De l'alcool saturé de camphre.

« 3° Du vinaigre camphré avec de l'alcool de
camphre.

« 4° Un vernis que l'on peut composer avec le
baume du Pérou et celui de copahu, le styrax
liquide, les huiles de muscade, de lavande et de
thym, etc.

« 5° De l'alcool saturé de muriate sur-oxygéné
de mercure.

« Tout étant préparé, on ouvre les cavités par de grandes incisions, et on extrait les viscères; on incise crucialement les téguments du crâne, on en scie les os circulairement, et on enlève le cerveau; on ouvre le tube intestinal dans toute sa longueur, et on pratique aux viscères des incisions profondes et multipliées; on lave le tout à grande eau; on exprime, puis on lave encore avec le vinaigre camphré, et enfin avec l'alcool camphré. Toutes les parties internes, ainsi préparées et roulées dans la poudre composée, sont prêtes à remettre en place. — On pratique alors des incisions multipliées aux surfaces internes des grandes cavités, et suivant la longueur de tous les muscles; on lave toutes les parties et on les exprime avec soin; on fait succéder aux lotions simples celles de vinaigre et d'alcool camphré; on applique alors avec un pinceau la dissolution alcoolique de sublimé dans toutes les incisions; il se produit beaucoup de chaleur, les muscles blanchissent, et la surface est promptement sèche. Cela fait, on applique une couche dans toutes les incisions internes, et on les remplit avec la poudre; on vernit aussi toute la face interne des cavités, et on applique une couche de poudre qui adhère au vernis; on replace alors chaque viscère dans son lieu, en ajoutant autant de poudre qu'il en faut pour combler les vides, et l'on recoud les téguments, avec la précaution de vernir et de saupoudrer la face interne de ce x qui se réappliquent sur les os. Toutes les cavités étant refermées, on vernit les incisions extérieures et on les remplit de poudre; on vernit aussi toute la surface de la peau, et on applique une couche de poudre qui adhère généralement. Le cadavre ainsi embaumé, on appose sur chaque partie, en y comprenant le visage, des bandages méthodiques qui compriment généralement et recouvrent tous les points; on vernit le premier bandage, on applique une couche de poudre, et enfin un second bandage que l'on vernit aussi; quand le corps est déposé dans un cercueil de plomb, et tous les vides remplis par la poudre composée, on soude le couvercle, et l'opération est achevée. »

Cet embaumement offrait sans doute un peu plus de sécurité dans ses résultats, mais il était toujours une servile imitation des traitements déplorables dont nous avons parlé. Le deuchlorure de mercure était mis en contact avec les tissus d'une manière grossière et certainement insuffisante. Ceux qu'il n'avait pas touchés se trouvaient emprisonnés, à leur état ordinaire, sous des couches de vernis et sous des bandelettes imperméables pour y subir une fermentation certaine. On s'efforçait de prévenir le contact de l'air, quand l'air aurait peut-être évaporé l'humidité de ces tissus, imparfaitement transformés par le réactif chimique.

Le procès-verbal de l'embaumement du roi Louis XVIII va nous fournir un exemple remarquable de la réunion irrationnelle et toujours barbare des faits d'un embaumement dans les premières années de notre siècle.

Procès-verbal de l'embaumement de Louis XVIII, roi de France.

Extrait des procès-verbaux de l'ouverture et de l'embaumement du feu roi Louis XVIII.

(*Répert. génér. d'Anat. et de Physiol. Pathol.*, vol. 8, p. 36. in-4°, Paris, 1829.)

Procès-verbal de l'embaumement, p. 40.

Aujourd'hui, 17 septembre 1824, immédiatement après l'ouverture du corps du feu roi Louis XVIII, et conformément aux instructions qui nous ont été données par M. le marquis de *Brézé*, grand-maître des cérémonies de France, nous, soussignés, avons procédé à l'embaumement de la manière suivante :

1° Le cœur du feu roi, après avoir été lavé et macéré pendant quatre à cinq heures dans une solution alcoolique de deuto-chlorure de mercure ou sublimé corrosif, et avoir été rempli et environné d'aromates choisis, a été renfermé dans une boîte en plomb, portant une inscription indicative de l'objet précieux qu'elle renferme.

2° Les viscères des trois grandes cavités du corps, après avoir été incisés, lavés et macérés pendant six heures dans la solution susdite, ont été pénétrés, remplis et environnés d'aromates, et enfermés dans un baril en plomb portant une inscription indicative des parties qu'il renferme.

3° La totalité de la surface du corps et celle des grandes cavités a été lavée successivement avec une solution de chlorure d'oxyde de sodium et avec une dissolution alcoolique de deuto-chlorure de mercure.

4° Les parties charnues, tant du tronc que des membres, ont été incisées largement et profondément; elles ont été lavées ensuite avec les solutions susdites.

5° Les surfaces du corps, celles de ses cavités et des incisions ont été enduites à plusieurs reprises d'un vernis à l'alcool.

6° Toutes les cavités ont été remplies de poudres formées d'espèces aromatiques et résineuses variées.

7° Ces cavités ont été fermées par l'application de leurs parois, soutenues au moyen de sutures nombreuses.

8° Les membres, le bassin, le ventre, la poitrine, le col et la tête ont été successivement entourés de plusieurs bandes méthodiquement appliquées.

9° Toute la surface du corps ainsi enveloppée a été couverte de plusieurs couches de vernis.

10° Sur ce vernis ont été appliquées des bandes de diachilon gommé.

11° Sur les bandes de diachilon d'autres bandes de taffetas vernissé ont été appliquées.

12° Enfin, une dernière couche de bandes a été appliquée sur le taffetas vernissé.

13° L'embaumement terminé, la tête du feu roi a été couverte d'un bonnet, son corps d'une chemise, ses bras et sa poitrine d'un gilet à manches en soie blanche ; tout le corps d'un linceul de batiste.

C'est dans cet état que le corps du roi a été remis à M. de *Brézé*, pour être déposé dans le cercueil qui doit renfermer ses restes mortels à Saint-Denis.

Signé : Portal, Alibert, Dupuytren, Fabre, Distel, Thévenot, Portal (pour Ribes), Auvity, Breschet, Mura, Moreau, Bardenot, Vesque, Dalmas, Delagenerraye.

Cependant les manœuvres violentes de l'embaumement blessaient toujours de plus en plus la sollicitude des familles et maintenaient sa pratique dans des limites étroites où les traditions officielles l'imposaient beaucoup plus que le sentiment. On demandait de toutes parts des embaumements sans incisions, sans autopsies, sans extraction d'organes, et d'habiles anatomistes durent tenter d'obtenir un résultat plus conforme au désir public. Un d'entre eux, qui honorait déjà l'École de médecine de Paris et qui occupa bientôt la chaire d'anatomie générale, Béclard, fut chargé de l'embaumement du corps d'un jeune homme de 30 ans, et, pour remplir les intentions des parents, apporta les modifications suivantes aux procédés en usage :

« M. Béclard, chef des travaux anatomiques de l'École de Médecine, a été chargé de la conservation du corps d'un jeune homme de 30 ans, mort d'une fièvre hectique. Les parents désiraient le placer dans une cage de verre et *demandaient surtout qu'il ne fût point ouvert*. Malgré le désavantage de cette dernière circonstance, M. Béclard a réussi dans cette opération par le procédé suivant : *Les intestins ont été tirés, ouverts et nettoyés, dans une partie de leur longueur, par une petite ouverture pratiquée à l'abdomen*. On a pénétré dans la poitrine *par deux incisions* sous les aisselles, et on y a injecté de l'eau; on a fait aussi *une petite ouverture* au crâne; on a exprimé autant que possible le sang des veines abdominales et cutanées, on a injecté une solution mercurielle dans la trachée-artère et introduit du sel en substance dans toutes les cavités; le cadavre a été ensuite plongé dans un bain saturé de sublimé. Dans le premier mois il a paru offrir quelques signes de putréfaction; on a cru alors devoir introduire dans l'abdomen un instrument à l'aide duquel on a *incisé le péritoine* en différents points. M. Béclard ayant déjà remarqué que les parties situées sous les membranes séreuses échappaient à l'action du sublimé, le corps a été retourné; on a fait quelques scarifications sur des points de la peau qui paraissaient verdâtres; l'épiderme de la plante des pieds protégeait aussi les parties sous-jacentes; *il a été enlevé;* enfin, après deux mois de séjour dans le bain de sublimé, le corps en ayant été tiré par un temps sec et chaud, s'est desséché en peu de jours; il se conserve depuis un an enfermé dans une boîte, sans exhaler aucune odeur et sans aucun signe d'altération. La peau est d'un gris plombé, et les traits de la face sont déformés par l'amincissement des lèvres et des joues. »

Quand une opération exécutée par des mains aussi habiles, offre des difficultés aussi radicales et demande des délais et un traitement aussi incompatibles avec les mœurs publiques, elle est condamnée à l'abandon. Je suis même étonné que l'embaumement européen ait jamais trouvé grâce, non-seulement auprès des familles, mais encore auprès des chirurgiens.

DE L'EMBAUMEMENT GANNAL.

En 1834, Gannal, pharmacien de 1re classe, saisit l'Académie des sciences et l'Académie de médecine de l'examen d'un procédé de conservation des corps humains destinés aux études anatomiques. Ce procédé consistait dans l'immersion des sujets dans une dissolution aqueuse de sel de nitre, de sel commun et d'alun, dissolution marquant 15° à l'aréomètre. Il n'était pas encore question alors de l'embaumement, c'est-à-dire de la conservation des corps destinés à la sépulture. Il ne s'agissait pas davantage d'injection artérielle comme moyen de mettre une substance chimique antiseptique en contact avec les tissus du corps.

Les idées qui devaient constituer l'embaumement moderne étaient encore éparses dans la science et sans lien entre elles. Les expériences d'immersion conservatrice de Gannal furent l'occasion favorable qui les rapprocha dans un but déterminé. En premier lieu, les commissaires de l'Académie de médecine, à la place du bain préservatif, demandèrent que Gannal injectât sa liqueur dans le système artériel, comme on y injectait déjà depuis longtemps des liquides plastiques pour faciliter son étude. Cette expérience réussit aussi bien que l'immersion du corps et devint le point de départ d'un nouveau manuel opératoire. Enfin, dans le même temps, le docteur Tranchina, de Naples, fit connaître qu'en injectant dans les artères une dissolution d'acide arsénieux, il était parvenu à conserver les sujets destinés aux travaux anatomiques, et bientôt le gouvernement napolitain récompensa ces recherches avec munificence.

Appliquer à la fois l'injection et l'arsenic à l'embaumement, après ces conseils académiques et après les déclarations de Tranchina publiées par toute la presse scientifique, cela ne demandait pas assurément un grand effort d'imagination. Cependant l'esprit de routine est si difficile à remuer, et le progrès réalisé par l'injection paraissait si grand, auprès des mutilations dont on était alors coupable, qu'il faut savoir beaucoup de gré à Gannal de sa promptitude à s'assimiler et de son ardeur à propager une méthode que des intelligences moins alertes auraient laissées peut-être encore sans application. Le véritable auteur d'un procédé est celui qui lui fait produire tous ses résultats et qui, de l'idéalité, l'a fait passer dans la pratique.

Gannal n'a jamais publié le procédé d'embaumement dont il se servit et se réserva son application exclusive. Le brevet qu'il prit pour cela au ministère des travaux publics, porte la date du 11 avril 183 , date postérieure de plus de deux ans aux injections conservatrices faites sous l'inspiration de l'Académie de médecine et aux injections arsénicales de Tranchina.

Le liquide conservateur de Gannal, liquide tombé depuis longtemps dans le domaine public, était préparé de la manière suivante. Il faisait dissoudre, dans trois litres d'eau distillée, six kilogrammes de sulfate d'alumine concret et obtenait alors six litres d'un liquide marquant 32° à l'aréomètre de Beaumé. Il ajoutait à ces six litres de liquide cent vingt-cinq grammes d'acide arsénique concret, lequel s'y dissolvait très-bien.

Pour pratiquer l'embaumement, Gannal plaçait le corps sur une table portative faisant partie de son matériel instrumental. Alors, par une incision sur un des côtés du cou, il mettait à découvert une des artères carotides primitives. Ce canal était ouvert, et dans cette ouverture il introduisait une canule dirigée vers le cœur et fixée ensuite dans l'artère par une ligature comprenant son bout et le vaisseau. Une seconde ligature était placée sur la même artère, au-dessus de la canule, afin d'empêcher le retour de l'injection par la partie supérieure alimentée par les nombreuses anastomoses des artères de la tête. Il poussait après cela vers le tronc, avec une seringue s'adaptant à la canule carotidienne, cinq à huit litres de la liqueur ci-dessus, jusqu'à ce que le gonflement du visage ou le renvoi des liquides de l'estomac conseillât de mettre fin à l'injection. Il passait alors sur le corps un vernis à l'alcool et le plaçait ensuite sur des lames de plomb recouvrant le dos, la poitrine et l'abdomen. Des bandelettes de plomb étaient alors roulées autour des membres jusqu'à leurs extrémités. Des bandelettes de coton recouvraient ensuite celles en plomb et se trouvaient elles-mêmes recouvertes par un bandage de taffetas gommé et enfin par un bandage de toile. La tête restait libre ou enveloppée d'une calotte de plomb, sur laquelle on ajoutait la coiffure de la personne décédée. Les paupières étaient enfin abaissées ou soutenues par des yeux d'émail.

Les cercueils dans lesquels étaient déposés les corps embaumés par le procédé de Gannal, étaient eux-mêmes l'objet de son attention. Ils devaient être en chêne, doublés d'un cercueil en volige, contenant un troisième cercueil en plomb. Dans ce cercueil, il disposait une couche de son ou de sciure de bois, additionnée d'un kilogramme d'alun calciné par boisseau de poudre, et cette poudre était parfumée avec le mélange d'essences aromatiques suivant :

Essence de girofle,	500	parties.
de carvi,	500	—
d'aspic,	500	—
de lavande,	500	—
de camphre,	250	—
de teinture de musc,	32	—

Cette poudre avait pour effet, suivant lui, de produire dans le cercueil une atmosphère dépourvue d'oxygène, et cette propriété pouvait être, disait-il, rendue plus active par l'addition de l'hydrate de péroxyde de fer. Le fond du cercueil étant garni de ce mélange, le corps embaumé y était déposé et le cercueil de plomb était soudé. Sur le désir des familles, les cercueils pouvaient offrir, vers la région de la tête, une ouverture fermée par une glace, derrière laquelle le défunt était aperçu.

Ce procédé nous paraît, sans doute, aujourd'hui, relativement bien compliqué. Cependant, en 1837, il offrait un progrès considérable sur la pratique usuelle des embaumements, par la suppression des autopsies et des mutilations grossières, héritage d'une ignorance séculaire. D'un autre côté, par sa valeur antiseptique, il était encore supérieur, non-seulement aux formules bizarres et radicalement impuissantes des Clauderus, des Durrius, etc., etc., mais encore à la mise en œuvre très-informe du procédé de Chaussier. En effet, bien qu'il n'ait jamais subi l'épreuve de l'examen scientifique d'aucun corps savant, il n'est point douteux qu'il pouvait assurer la conservation des corps sur lesquels il avait été pratiqué. Des témoins oculaires d'exhumations faites dans les cimetières de Paris en ont témoigné suffisamment. D'ailleurs, la composition chimique de ses liquides, devait produire ce résultat. Nous avons vu que Tranchina conservait les sujets des études anatomiques par une injection d'acide arsénieux. La substitution de l'acide arsénique à l'acide arsénieux, permettait, à cause de sa plus grande solubilité dans l'eau, d'introduire, sous un plus petit volume de liquide, une plus grande proportion d'arsenic, et, par là, d'assurer davantage la propriété conservatrice déjà reconnue de cette substance. Cette méthode fut acceptée avec empressement dans les familles et parvint à conquérir une véritable popularité, sous la propagande infatigable de son auteur.

Cette exposition du procédé Gannal ne serait pas complète, sans quelques détails relatifs à l'habillement et aux cosmétiques qu'il ajoutait à sa pratique chirurgicale. En effet, Gannal est le promoteur de l'opinion qui impose à l'embaumement la restauration des traits du visage au point de donner à la mort l'apparence d'un sommeil tranquille. Or, comme les injections alumineuses, astringentes, décolorent et rendent les tissus plus ou moins opaques en précipitant leurs liquides albuminoïdes, Gannal avait recours, pour couvrir cet effet, à l'emploi des diverses espèces de fard et à tous les soins de toilette capables d'éveiller cette illusion éloignée. Ses opérations ont laissé le souvenir de la recherche particulière de tout ce qui pouvait à cet égard frapper les yeux profanes et donner plus de relief à son œuvre.

Cette direction était regrettable. La mort a des austérités secrètes qui commandent le respect. Elle enveloppe les traits d'une gravité surhumaine que toutes les frivolités blesseront désormais sans retour. Il ne faut toucher à ces moyens que d'une main très-légère.

DE L'EMBAUMEMENT DU D' SUCQUET.

A cette époque, des recherches d'hygiène publique sur l'assainissement des voiries de la ville de Paris me firent pressentir les grandes qualités antiseptiques du chlorure de zinc, et après les avoir constatées sur des animaux, je résolus d'en faire l'épreuve dans l'embaumement. Mais ici l'expérience était moins facile. Il fallait obtenir l'accès d'un amphithéâtre d'anatomie et la libre disposition des corps destinés à ces nouvelles études Il y avait alors à la tête de l'Ecole de médecine de Paris, un homme remarquable par la portée de ses vues, par la libéralité de ses rapports et surtout par son dévouement à tous les travaux scientifiques. Cet homme était Orfila. J'étais absolument inconnu de lui, et je me présentai dans son cabinet de l'Ecole de médecine, au jour officiel de ses réceptions, et au même titre que tous ses administrés. Je lui exposai le but des recherches que je désirais entreprendre en attendant sa réponse dans une secrète émotion. C'est bien, dit-il, faites votre demande au Conseil général des hospices dont je suis membre, je l'appuierai. Je me dois à tous ceux qui veulent travailler. Je n'oublierai jamais cette brève et noble réponse, et je me fais un devoir aujourd'hui, malgré tant d'années écoulées, de rendre ce témoignage public à sa mémoire.

Quelques jours après, j'étais installé dans un cabinet particulier de l'amphithéâtre de Clamart. Le manuel à instituer fut d'abord l'objet de mes préoccupations. Conserver le corps humain, le procédé de Gannal y suffisait, disait-on, et dans de meilleures conditions opératoires que par le passé. Mais ces conditions étaient encore très-pénibles pour les familles. Il fallait beaucoup simplifier de nouveau, pour répondre à la délicatesse des idées morales qui sollicitent l'embaumement et aux rigueurs d'un pudique respect très-prompt à s'alarmer. Il fallait opérer sans table, dans le lit, en découvrant seulement une petite partie du corps, et en rejetant toute lame de plomb, tout vernis, tout bandage dont l'application abandonnait à des mains étrangères le corps sans voiles de personnes plus chères maintenant de tout leur malheur.

Une simple injection artérielle de chlorure de zinc suffirait-elle au problème de l'embaumement renfermé dans cet étroit programme?

Trois sujets furent mis à ma disposition. Un quatrième avait été renvoyé par suite d'un insuccès dans ma première injection. Je pensais alors que la conservation serait d'autant plus assurée que j'emploierais une dissolution de chlorure de zinc plus concentrée, et je tentai d'introduire dans l'artère carotide primitive d'un adulte, du chlorure de zinc marquant 50° à l'aréomètre de Baumé. Mais, au bout d'un moment, toute injection devint impossible malgré tous mes efforts. Je pris alors mon bistouri pour rechercher quelle était la cause de ce fait et je reconnus que le calibre artériel avait à peu près disparu et que les parois du vaisseau étaient desséchées et racoquillées. J'attribuai ce résultat à l'avidité de la liqueur pour l'eau et à sa causticité. A ce degré de concentration, cette causticité était telle que mes doigts en conservèrent longtemps la trace. J'abaissai la densité du liquide à 40° et l'un des sujets, un homme robuste, fut injecté par l'artère indiquée avec huit litres de cette préparation dirigés vers le cœur. Une ligature d'arrêt avait été placée préalablement au-dessus de l'ouverture artérielle, et après l'injection, une autre ligature fut appliquée au-dessous. Le corps ne reçut d'ailleurs aucun autre soin et fut abandonné à l'air libre sur une des tables de mon cabinet.

Un deuxième sujet, une femme morte à la suite

de couches, ne fut pas injecté. Une ponction avec un trocart fut pratiquée dans la région épigastrique, et quatre litres de dissolution semblable furent introduits partie dans la cavité thoracique, partie dans la cavité abdominale. Ce corps fut ensuite entouré de bandes de flanelle imbibées de chlorure de zinc, et abandonné comme le précédent sur une table voisine.

Enfin, un troisième sujet, une femme très-hydropique des membres inférieurs et de l'abdomen, ne reçut ni injection, ni ponction. Cinq litres du même liquide furent versés lentement dans sa bouche, la tête se trouvant légèrement élevée. Ils pénétrèrent facilement et sans manœuvre dans les cavités du tronc et le corps fut ensuite enveloppé de bandes chlorurées, comme le précédent. Cette femme fut placée sur une autre table, à côté des premiers sujets pour y être abandonnée comme eux à l'air libre.

Pendant treize mois, aucun de ces trois corps ne donna jamais aucun signe de décomposition et ne demanda aucune intervention nouvelle de ma part. Les différentes saisons se succédèrent autour d'eux, sans leur imprimer d'autre modification qu'une diminution sensible de volume provenant de l'évaporation graduelle de leurs liquides et de la dessiccation de l'extrémité de leurs membres. Le sujet hydropique lui-même avait perdu la majeure partie de l'eau qui l'infiltrait. Vers la fin de cette curieuse et si facile expérience, je pratiquai à la région lombaire de cette femme une longue incision pour recueillir l'eau qui pourrait s'en écouler et constater sa concentration. Elle marquait encore 13°. Vingt-sept degrés de chlorure injecté avaient donc été combinés avec les tissus après ce long contact avec eux, et la vertu antiseptique était encore loin d'être épuisée.

Ces résultats étaient très-remarquables au point de vue de la valeur conservatrice du chlorure de zinc. Mais ce qui me surprit le plus dans cette longue observation, ce fut de voir les membres entiers et la tête de deux de ces sujets qui n'avaient reçu qu'un contact extérieur et périphérique de cette substance, persister dans leur profondeur sans aucun accident.

Ces recherches devinrent l'objet d'un mémoire adressé à l'Académie de médecine. Cette société savante saisit cette première occasion qui lui était offerte de juger enfin la question des embaumements, et nomma pour cet objet une commission composée de MM. Orfila, président, Caventou, Blandin, Londe, et Poiseuille, rapporteur.

A la suite de cette présentation, Gannal écrivit à l'Académie de médecine une lettre dans laquelle il demandait que sa méthode d'embaumement fût expérimentée et jugée parallèlement au procédé nouveau dont elle était saisie, et qu'un véritable concours d'embaumement fût institué devant elle. En même temps, M. le docteur Dupré, professeur particulier d'anatomie, adressait une semblable demande à cette société savante, et sollicitait un jugement sur un procédé dont il était également l'auteur. L'Académie se rendit avec empressement à leurs vœux, et sa commission eut à examiner concurremment trois méthodes particulières d'embaumement.

Je mets, sans commentaire, sous les yeux du lecteur, les travaux de cette commission sur cette enquête délicate, pendant les années 1845 et 1846. Voici le rapport qu'elle fit, en 1847, à l'Académie de médecine :

RAPPORT

SUR DIVERS MODES D'EMBAUMEMENT.

Les procédés d'embaumement soumis au jugement de l'Académie ne diffèrent entre eux que par la nature de la substance qui, combinée avec nos tissus, doit s'opposer à la fermentation putride qu'offre bientôt tout corps que la vie vient d'abandonner.

Ces moyens de conservation ont, en effet ceci de commun : il n'est fait aucune extraction d'organes, le corps ne subit aucune mutilation, son intégrité est respectée, contrairement aux procédés suivis par les anciens Egyptiens, adoptés par les peuples qui ont cherché à les imiter, et mis encore en usage jusqu'à ces derniers temps, même après la découverte de Chaussier sur la conservation des matières animales par le deuto-chlorure de mercure. Les cavités splanchniques étaient privées de leurs viscères nécessairement dilacérés, de nombreuses incisions étaient aussi pratiquées sur toutes les parties du corps, soit extérieurement, soit intérieurement.

Un autre point de contact des procédés que nous sommes appelés à examiner, c'est la rapidité de leur exécution ; quelques minutes suffisent à un embaumement, lorsque les anciennes méthodes exigeaient des mois entiers de manipulations plus ou moins pénibles, sans parler des dépenses énormes qu'elles nécessitaient dans la plupart des cas.

Le mode opératoire de MM. les docteurs Dupré et Sucquet, est celui qu'a adopté dans sa pratique M. Gannal, depuis environ dix ans ; il consiste à introduire une substance conservatrice dans toutes les parties du corps, à l'aide d'une artère mise préalablement à nu, comme fait l'anatomiste lorsqu'il veut étudier la disposition du système artériel dans tous les organes de l'économie.

Au moment où nous allions commencer notre travail, nous reçumes de M. Gannal une lettre, en date du 20 ja vier 1845 ; dans cette lettre, M. Gannal priait l'Académie d'adjoindre à la commission nommée pour apprécier son procédé d'embaumement celle qui, en 1835, avait été saisie de l'examen de quelques-uns de ses moyens de conservation, et sur lesquels vous avez entendu deux rapports, l'un de notre très-regrettable collègue, M. Breschet, l'autre de l'honorable M. Dizé.

Quoique votre commission ne pût que profiter des lumières de celle qui l'avait précédée, nous n'avons pas cru devoir donner suite à la demande de M. Gannal, par les raisons suivantes : d'abord, l'ancienne commission, ayant fait son rapport définitif à l'Académie, n'existait plus ; ensuite, cette commission avait pour objet de donner son avis sur l'emploi de liquides proposés par M. Gannal dans les amphithéâtres de dissection ; elle ne devait donc s'occuper que d'une conservation temporaire ; aussi, dans les rapports que nous venons de rappeler, et qui ont été faits à l'Académie les 14 juillet 1835 et 8 mars 1836, n'est-il nullement question des embaumements, c'est-à-dire d'une conservation indéfinie.

Nous ferons la même remarque au sujet des rapports faits à l'Institut sur les travaux de M. Gannal, ayant aussi pour but de prévenir la putréfaction ; et cela, pour détruire une croyance de plusieurs de nos collègues, croyance qui avait été d'ailleurs partagée par quelques membres de votre commission. A l'Institut, comme à cette Académie, il n'a jamais été fait de rapport sur un mode d'embaumement présenté par M. Gannal ; qu'il nous soit permis de citer ici les paroles mêmes de notre très-honorable collègue M. Dumas, rapporteur de la commission des Arts insalubres à l'Académie des sciences, séance du 21 août 1837 (dernier rapport).

« Sur la conservation des cadavres, par M. Gannal.

« L'Académie sait fort bien, car elle a voulu
« qu'un encouragement fût accordé à l'auteur, que
« M. Gannal a fait de nombreux essais pour la
« conservation des cadavres, soit dans le but d'as-
« sainir les amphithéâtres de dissection, soit dans
« celui d'obtenir un moyen d'embaumement à la
« fois économique et assuré.

« En ce qui concerne l'embaumement des cada-
« vres, chacun conçoit qu'avant d'émettre un
« avis, il serait indispensable de prolonger les
« épreuves pendant plusieurs années, ce qui n'a
« pas encore eu lieu pour le procédé dont il s'agit.
« D'ailleurs, comme cette industrie demeurerait
« en dehors des attributions de votre commission
« des arts insalubres, lors même qu'elle serait
« parvenue à sa perfection, nous n'avons voulu

« l'examen qu'à titre de renseignement. Le juge-
« ment que nous allons porter doit être considéré
« comme s'appliquant exclusivement aux procé-
« dés concernant les amphithéâtres de dissection.

« Dans ce dernier cas, les expériences étant
« bien moins longues, on a pu les varier et les
« multiplier suffisamment pour qu'il soit bien
« démontré que l'on possède actuellement un
« procédé capable de conserver les cadavres pen-
« dant tout le temps que les dissections les plus
« minutieuses peuvent exiger, etc. »

La question des embaumements a donc le mérite de la nouveauté.

Pour constater la propriété conservatrice des
substances proposées par MM. Dupré, Gannal et
Sucquet, votre commission, après avoir fait pratiquer sous ses yeux un embaumement par
chacun d'eux, a fait enterrer les cadavres ainsi
préparés et a procédé à leur exhumation au bout
d'un certain laps de temps. Elle a demandé, en
outre, afin de multiplier les faits sur lesquels
devait être établie sa conviction, qu'on lui mon-
trât, s'il y avait lieu, quelques personnes embaumées et inhumées dans les cimetières de Paris.

Avant de procéder à chaque embaumement,
nous avons pensé qu'il n'était pas indifférent de
s'assurer de la nature des substances qui devaient
y être employées. M. Dupré, introduisant dans le

système sanguin, comme nous le verrons bientôt, un mélange de gaz, acides sulfureux et carbonique, nous n'avons dû analyser que les liquides de MM. Gannal et Sucquet.

Le liquide de M. Gannal est une solution aqueuse d'un mélange à parties égales de sulfate d'alumine et de chlorure d'aluminium, marquant 34° à l'aréomètre de Baumé. Celui de M. Sucquet est une solution de chlorure de zinc à 40° aréométriques.

Ces liquides furent analysés par la commission, le 22 février 1845, au laboratoire de chimie de la Faculté, en présence de MM. Gannal et Sucquet, et de M. Lesueur, chef des travaux chimiques de l'École de médecine.

Après avoir constaté la présence de sulfate et chlorhydrate d'alumine dans le liquide de M. Gannal, un point a fixé, d'une manière particulière, l'attention de votre commission : elle s'est demandé s'il contenait une préparation arsénicale, de l'acide arsénieux ou arsénique, par exemple.

On comprend, en effet, que si les liquides en usage dans les embaumements renfermaient de l'acide arsénieux, les empoisonnements par cette substance étant très-fréquents, le crime pourrait être entièrement dissimulé par le liquide conservateur.

D'ailleurs, les prévisions de votre commission

étaient tout à fait fondées, puisqu'il existe une ordonnance royale qui défend tout embaumement à l'aide de l'arsenic (1).

Un appareil de Marsh fut donc établi ; il ne donna d'abord aucune tache métallique sur une capsule de porcelaine opposée convenablement au jet de la flamme produite par la combustion de l'hydrogène ; mais dès qu'on y eut introduit 30 ou 40 grammes du liquide de M. Gannal, des taches noires très-prononcées se déposèrent sur la capsule de porcelaine. Après en avoir obtenu une dizaine environ, on les mit en contact avec de l'acide azotique ; on chauffa jusqu'à siccité ; une parcelle d'azotate d'argent fut placée dans la capsule, on mouilla le tout avec une petite quantité de la solution du même sel, et aussitôt on obtint un précipité rouge-brique d'arséniate d'argent : d'où l'on conclut que le liquide examiné contenait une quantité notable d'arsenic. D'ailleurs, en versant dans ce liquide de l'acide sulfhydrique, on eut un précipité jaune-serin de sulfure d'arsenic.

Ces résultats, comme nous l'avons dit, ont été constatés devant M. Gannal, qui parut surpris de

____

(1) *Moniteur* du 31 octobre 1846 ; Ordonnance du Roi, titre II, art. 10. « La vente et l'emploi de l'arsenic et de ses composés « sont interdits pour le chaulage des grains, *l'embaumement des* « *corps* et la destruction des insectes. »

la présence de l'arsenic dans son liquide ; il déclara à la commission que cette substance ne pouvait être attribuée qu'à l'impureté des matières premières employées à sa préparation, et qu'ordinairement il ne contenait pas d'arsenic. Alors, il fut convenu avec M. Gannal de faire usage, pour l'embaumement ultérieur, d'une solution de sels d'alumine, exempte de toute préparation arsénicale.

On détermine ensuite la nature du liquide de M. Sucquet ; c'est bien une solution de chlorure de zinc ; on en met 40 grammes environ dans un appareil de Marsh, et la capsule de porcelaine, approchée du jet de flamme de l'hydrogène, ne décéle aucune trace d'arsenic.

La préparation du liquide conservateur de M. Sucquet exclût d'ailleurs la présence de ce métal, bien que le zinc du commerce en renferme ordinairement. Il l'obtient en faisant agir l'acide chlorhydrique sur la tournure de zinc ; une partie de l'hydrogène, provenant de l'eau décomposée, se combine avec l'arsenic de zinc oxydé, et donne lieu à du gaz hydrogène arsénique qui se dégage ; par là, la solution de chlorure de zinc est tout à fait privée d'arsenic. C'est, du reste, un des moyens qu'on emploie pour avoir le zinc dans son plus grand état de pureté.

Le 14 mai 1845, M. Gannal présente à la commission réunie au laboratoire de la Faculté, une nouvelle solution de sels d'alumine ; cette fois, l'appareil de Marsh n'accuse aucune tache métallique d'arsenic sur la capsule de porcelaine.

Le flacon renfermant ce liquide est scellé du cachet de la Faculté, on y joint une étiquette indicative, signée par les membres de la commission et par M. Gannal, ainsi qu'il avait été procédé dans la séance précédente pour le flacon contenant le liquide de M. Sucquet.

Le même jour, la commission convient, avec MM. Dupré, Gannal et Sucquet, que le 21 mai suivant, ces messieurs soumettront plusieurs cadavres à leurs procédés respectifs d'embaumement ; les sujets ainsi préparés doivent être placés dans des cercueils en sapin, fabriqués par le même ouvrier, et inhumés dans le jardin de l'École pratique.

M. Gannal, tout en accueillant cette manière de procéder, fait néanmoins remarquer à la commission que telle n'est pas la marche qu'il suit dans ses embaumements ; qu'en dehors de l'action conservatrice de son liquide, il attache une grande importance à la nature du cercueil ; il demande donc qu'il lui soit permis de placer l'un des cadavres embaumés par lui dans une des bières spéciales que possède l'administration des pompes funèbres. Ces bières sont formées de trois parois, l'une externe en chêne, la moyenne en sapin, et l'interne en plomb. La commission souscrit volontiers au désir de M. Gannal, sans que néanmoins il soit en rien dérogé à l'expérience comparative qu'elle se propose de faire sur les trois moyens d'embaumement qu'elle est appelée à examiner. Du reste, M. Gannal n'a donné aucune suite à cette demande que nous avions agréée.

Le 21 mai 1845, la commission, MM. Dupré, Gannal et Sucquet se rendirent dans l'un des pavillons de l'École pratique, pour procéder aux embaumements; mais au lieu de trois cadavres, on ne put s'en procurer qu'un seul, ces messieurs le tirèrent au sort; le sujet échut à M. Sucquet. C'est un homme de trente à trente-cinq ans, les pieds et la moitié inférieure des jambes sont œdématiés, la partie moyenne de la peau de l'abdomen est d'un bleu-verdâtre, cette couleur s'étend à gauche vers les lombes, et remonte du même côté de la poitrine jusqu'à la septième côte.

M. le docteur Sucquet découvre une artère poplitée; le liquide analysé précédemment est étendu d'un cinquième de son volume d'eau prise au robinet de la salle de dissection. Il injecte successivement par l'artère et du côté de l'abdomen, cinq seringues; la capacité de la seringue est de huit décilitres; il introduit ainsi quatre lltres de liquide dans le sujet. Ensuite il retourne l'ajustage de la seringue pour injecter la jambe; il consomme de nouveau un demi-litre environ de liquide. Pendant l'opération, il sort de la bouche quelques grammes de mucosités. L'injection terminée, deux ligatures sont appliquées à l'artère poplitée; elles comprennent l'incision faite à ce vaisseau; ensuite des points de suture rapprochent les bords de la plaie faite à la peau, et autour du genou est appliquée une bande de flanelle. Après l'injection, la couleur bleu-verdâtre de la peau de l'abdomen, signalée plus haut, a tout à fait disparu.

Le cadavre ainsi embaumé est enveloppé d'un simple drap de fil et mis dans la bière; cette bière est en sapin, de 20 millimètres d'épaisseur environ. Un flacon contenant une étiquette signée de MM. Caventou, Gannal et Sucquet, est placé entre des jambes du sujet. Le couvercle du cercueil est assujetti par les vis; à chacune des extrémités est apposé sur les vis le cachet de l'École de médecine. La bière est ensuite portée dans l'une des trois fosses creusées préalablement dans le jardin de l'École; elle a, comme les deux autres, un mètre de profondeur, et la couche de terre qui recouvre le cercueil est de 70 centimètres. Les trois fosses auraient pu avoir une profondeur de 2 mètres, ainsi qu'il est pratiqué dans les cimetières de Paris, mais la commission n'a pas jugé cette mesure nécessaire, attendu qu'elle s'est proposé, comme nous avons déjà eu l'honneur de vous le dire, de faire des expériences comparatives.

Le 23 mai, c'est-à-dire deux jours après l'embaumement pratiqué par M. Sucquet, deux cadavres, un homme et une femme, sont mis à la disposition de MM. Dupré et Gannal, dans l'un des pavillons de la Faculté; le sort donne l'homme à M. Dupré, la femme revient à M. Gannal. Le thermomètre marquait, comme l'avant-veille, 11°c.

L'homme vient des Incurables, il paraît âgé de soixante-dix à quatre-vingts ans, une partie de la peau de l'abdomen est d'un bleu-verdâtre. M. Dupré se propose de faire passer dans l'appareil sanguin un mélange d'acides carbonique et sulfureux, résultant de l'action à chaud de charbon sur l'acide sulfurique. Il découvre une artère carotide et y introduit, du côté de la poitrine, un tube en plomb, qu'il fixe à l'aide d'une ligature; une seconde ligature est appliquée sur le bout supérieur du vaisseau. Ce tube, en plomb, communique avec une cornue en fer (bouteille dans laquelle arrive, dans le commerce, le mercure). L'ouverture de cette cornue reçoit un bouchon de liége, dans lequel entre à frottement le tube en plomb. La cornue contient 500 grammes de charbon de bois pulvérisé et un kilogramme d'acide sulfurique concentré. Le fourneau sur lequel est placé la cornue, est allumé à onze heures et demie; vers midi, l'abdomen se tuméfie, ainsi que les veines du tronc, du col, des membres supérieurs et inférieurs; la couleur bleu-verdâtre de la peau de l'abdomen n'existe plus. A midi et quart toutes les veines du corps sont fortement distendues; des gaz sortent de la surface de la plaie; à midi et demi la verge et les bourses sont légèrement tuméfiées; alors le tube est retiré de la carotide, on applique une ligature au bout pectoral du vaisseau; on rapproche les lèvres de la plaie à l'aide d'une suture, et l'opération est terminée. On enveloppe le cadavre d'un drap en fil, puis il est placé dans une bière tout à fait semblable à celle qui a servi au sujet de M. Sucquet; le couvercle est vissé, et un cachet au timbre de la Faculté est appliqué sur les vis des deux extrémités. Le cercueil est porté dans l'une des trois fosses dont nous avons parlé précédemment, et recouvert d'une couche de terre de 70 centimètres.

La femme que doit embaumer M. Gannal vient de l'hospice Beaujon, elle semble âgée de soixante-dix à soixante-quinze ans, elle est maigre. M. Gannal découvre une artère carotide, il applique une ligature à la partie supérieure du vaisseau, et après avoir constaté, avec les membres de la commission, l'intégrité des cachets apposés sur le flacon contenant son liquide, analysé le 14 mai, ainsi qu'il avait été fait pour le flacon de M. Sucquet, il introduit du côté de la poitrine, à l'aide d'une seringue de huit décilitres de capacité, son liquide dans le système sanguin ; à la cinquième seringue il sort de la bouche 40 à 50 grammes de mucosités. M. Gannal termine l'opération en appliquant une ligature sur le bout inférieur de l'artère, et en rapprochant les bords de la plaie à l'aide d'une aiguille courbe.

On met le cadavre dans un linceul de fil, qui accidentellement est troué en quelques points, et ensuite dans une bière identiquement pareille aux deux précédentes. M. Gannal place entre les jambes du sujet un flacon bouché à l'émeri, contenant un bulletin indiquant le cadavre embaumé par lui, et signé par MM. Sucquet et Gannal. Puis des cachets sont apposés à chaque extrémité du couvercle préalablement vissé, deux de M. Gannal, deux autres de la Faculté. La bière est déposée dans la troisième fosse du jardin de l'Ecole pratique, entre les cercueils renfermant les cadavres embaumés par MM. les docteurs Dupré et Sucquet ; elle est recouverte comme les précédentes d'une épaisseur de terre de 70 centimètres.

L'exhumation des trois cadavres embaumés

précédemment les 21 et 23 mai 1845, eut lieu le 14 juillet 1846, c'est-à-dire un an et deux mois environ après leur inhumation.

A l'arrivée de la commission dans le jardin de l'Ecole pratique, la terre venait d'être enlevée, et chaque cercueil était à découvert; on les transporta tous trois dans l'un des pavillons de dissection; leur aspect extérieur était identiquement le même, ainsi que leur conservation.

MM. Gannal et Sucquet constatent l'intégrité des cachets apposés lors de l'inhumation, sur chacune des bières contenant le sujet préparé par eux.

La même vérification est faite à l'égard de la bière renfermant le cadavre embaumé par M. Dupré, qui n'est pas présent à cette séance.

Les couvercles des cercueils ayant été dévissés et enlevés, M. Gannal reconnaît de nouveau le sujet qu'il a embaumé par l'indication portée sur une étiquette contenue dans un flacon bouché à l'émeri, et signée de MM. Gannal et Sucquet.

Ce dernier constate aussi le cadavre qu'il a préparé, à l'aide d'une étiquette semblable signée de MM. Caventou, Gannal et Sucquet.

Les sujets embaumés par MM. Dupré et Gannal exhalent une odeur de putréfaction suffocante : la peau présente de nombreuses solutions de continuité, résultant de sa désorganisation complète.

Les linceuls qui les enveloppaient sont en lambeaux et se déchirent avec la plus grande facilité; leurs fragments noircis par la matière animale putréfiée semblent faire corps en beaucoup de points avec le sujet; en cherchant à les détacher des jambes, par exemple, on enlève en même temps la peau sous-jacente. Une couche de putrilage, en certains points de quelques millimètres d'épaisseur, tapisse le fond de ces deux cercueils. Ces cadavres, dont il est impossible de déterminer le sexe, sont entièrement méconnaissables, leur figure est une sorte de masse informe; les cheveux et les poils saisis avec une pince cèdent au moindre effort.

Le sujet embaumé par M. Sucquet n'a aucune odeur de putréfaction; le linceul, un peu humide, est entier, libre de toute adhérence avec le cadavre, et son tissu ne cède en aucune manière aux efforts que l'on fait pour le déchirer, il est assez résistant pour aider à soulever partie ou tout le sujet. La bière ne contient aucune couche de putrilage semblable à celle qu'on a observée dans les cercueils précédents; les parois comme le fond sont légèrement humides. Une mèche de cheveux, saisie avec une pince, ne peut être arrachée, et en continuant la traction, la tête est soulevée aussi sûrement que si la vie venait d'abandonner le sujet. La figure a conservé sa physionomie, et pourrait être reconnue au besoin; cependant, les paupières étant soulevées, le globe de l'œil a disparu, on ne voit que la cavité orbitaire dont le fond est tapissé par les membranes oculaires. La peau offre dans toute son étendue une intégrité parfaite, elle a toute sa souplesse et toute son élasticité; mais l'épiderme de la plante des pieds et les ongles des orteils sont facilement enlevés à l'aide d'une pince, lorsqu'au contraire les poils et les cheveux résistent à une forte traction, ainsi que nous venons de le voir.

L'examen de quelques organes intérieurs donne lieu aux différences suivantes dans les trois cadavres : différences que devaient d'ailleurs faire pressentir la conservation complète du sujet de M. Sucquet et la putréfaction si avancée de ceux préparés par MM. Dupré et Gannal.

Dans le cadavre de M. Sucquet : le foie est très-ferme, l'intégrité de ses ligaments, sa consistance, permettent non-seulement d'étudier ses rapports, mais encore sa texture.

Le cœur contient dans ses cavités des caillots de sang rouges et solides; sa conservation est telle qu'on peut déterminer la disposition des valvules, de leurs piliers, ainsi que la configuration de ses fibres, formant les divers plans charnus que vous connaissez.

Le cerveau, comme les organes précédents, est sans odeur; on distingue parfaitement les deux substances grise et blanche; diverses coupes mettent en évidence les ventricules et les particularités qu'ils présentent.

Dans le cadavre embaumé par M. Gannal : le foie très-mou se détache par son propre poids de la surface concave du diaphragme, se déchire très-facilement; son intérieur offre une sorte de putrilage très-infect.

Le cœur n'offre aucune résistance, les tendons des valvules se déchirent au moindre effort, il serait impossible d'en faire l'objet d'une étude particulière. Cependant la couleur du tissu musculaire est naturelle, quoiqu'il participe de l'odeur putride du foie et de toutes les autres parties du corps.

Les deux substances du cerveau ne peuvent être distinguées l'une de l'autre, par suite de l'espèce de bouillie que présente tout l'organe.

Le foie, le cœur, dans le sujet préparé par M. Dupré, offrent une putréfaction aussi grande que celle de ces deux organes considérés dans le cadavre de M. Gannal. Le crâne du sujet de M. Dupré n'a pas été ouvert.

Le tissu musculaire du cadavre de M. Sucquet est résistant et très-distinct du tissu cellulaire environnant, mais il est décoloré, ainsi que le cœur, comme si les parties avaient été conservées dans l'alcool.

Les muscles, dans les sujets de MM. Dupré et Gannal, sont comme saponifiés, mous et très-infects; leur couleur néanmoins, particulièrement dans le cadavre de M. Gannal, est tout à fait normale.

La commission a recueilli dans des flacons cachetés et étiquetés, une partie du foie, le cœur, une portion de muscles, des jambes, une partie de la peau de la face des trois cadavres qui font le sujet de l'examen précédent; elle met ces objets sous les yeux de l'Académie, qui pourra vérifier quelques-uns des résultats dont nous venons d'avoir l'honneur de l'entretenir.

La décomposition des sujets préparés par MM. Dupré et Gannal n'a pas permis de les garder dans le pavillon de l'Ecole, où ils avaient été déposés plus d'une quinzaine de jours.

Quant au cadavre embaumé par M. Sucquet, comme il était sans odeur, il n'y avait aucune raison de le faire inhumer; on l'a donc laissé dans sa bière ouverte, depuis le 14 juillet dernier. Mais si, comme nous l'avons fait observer, l'embaumement pratiqué par M. Sucquet, en arrêtant la putréfaction, maintient la fermeté des chairs, la souplesse et l'élasticité de la peau, ce n'est qu'à la condition que le corps embaumé ne pourra perdre par l'évaporation les liquides qu'il contient, ainsi qu'il arrive dans une bière herméti-quement fermée, ou enfouie dans la terre, comme celle qui fait l'objet de l'examen précédent; car si le même corps est exposé à l'air libre, il perd bientôt ses liquides, se dessèche sans la moindre putréfaction, et acquiert une dureté qu'on peut comparer à celle du bois et de la pierre, ainsi qu'on peut s'en assurer en examinant une jambe et une main du cadavre préparé par M. Sucquet, que nous avons mises aussi à la disposition de l'Académie. On conviendra volontiers que le mode d'embaumement de M. Sucquet présente, sous ce dernier rapport, une véritable momification.

La commission devait-elle s'en tenir là et re-garder comme terminée la tâche que vous lui aviez imposée? Elle ne l'a pas pensé; elle a cru qu'il était de son devoir de chercher à interpréter l'état des cadavres préparés sous ses yeux par MM. Dupré et Gannal. En effet, ce dernier se livre depuis plusieurs années à la pratique des embaumements; des exhumations de cadavres, embaumés par M. Gannal, ont été faites dans les cimetières de Paris et ailleurs; les corps ont offert une conservation qui a été constatée par des témoignages irrécusables. Ces résultats, tout à fait contraires à celui que nous venons de rapporter, ont dû frapper la commission et la conduire à de nouvelles investigations.

D'abord, en ce qui concerne l'embaumement pratiqué par M. le docteur Dupré, nous avons vu des pièces entières, des pieds, par exemple, qui, ayant été injectés par le gaz acide sulfureux, présentaient une conservation parfaite; mais hâtons-nous d'ajouter qu'ils avaient été préparés depuis deux ou trois mois au plus. Ainsi, l'acide sulfureux, par sa présence au milieu de nos tissus, paraît s'opposer au développement de la putréfaction; mais la commission, après l'exhumation du cadavre préparé devant elle par M. Dupré, est portée à penser que cet acide ne peut donner lieu à une conservation indéfinie, ainsi que le comporte la question. D'ailleurs, nous n'avons eu de M. Dupré aucun renseignement qui pût établir qu'il eût déjà employé son moyen conservateur à la pratique des embaumements; l'expérience qu'il a faite devant nous aurait donc été la première à l'endroit d'une conservation illimitée, et vous avez vu qu'elle avait été tout à fait infructueuse.

Passons aux faits relatifs à M. Gannal.

Votre commission, avons-nous dit, étonnée au premier abord de la putréfaction qui s'était emparée du cadavre préparé par M. Gannal, lorsque, d'après son assertion, la solution des sels d'alumine devait prévenir indéfiniment la fermentation putride, fut portée à penser que le défaut de conservation pouvait être dû à l'absence de l'arsenic trouvé dans le premier liquide soumis à l'analyse. On se rappellera effectivement que le second liquide qui nous fut présenté par M. Gannal, et qui a servi à l'embaumement examiné précédemment, contrairement au premier, ne contenait pas d'arsenic.

La commission se proposa donc de faire de nouvelles expériences à ce point de vue. J'en parlai à M. Gannal, et il fut convenu qu'on injecterait d'abord un cadavre avec le liquide qui avait servi à l'embaumement fait sous nos yeux, ensuite un autre cadavre avec le même liquide, mais contenant de l'acide arsénieux; et que ces deux cadavres, ainsi préparés, seraient abandonnés à eux-mêmes pendant un temps plus ou moins long. Par là, on aurait constaté directement l'influence que pouvait avoir sur la durée de la conservation, la présence de l'arsenic dans la dissolution des sulfate et chlorhydrate d'alumine. M. Gannal, reconnaissant l'opportunité de ces expériences, répondit de vive voix qu'il se prêterait à tout ce qu'on désirerait, dans l'espoir de découvrir la vérité.

M. Orfila étant alors absent de Paris, le rapporteur de votre commission s'adressa à notre très-honorable collègue M. Serres, chef des travaux anatomiques de Clamart, qui mit, avec son obligeance accoutumée, et sujets et pavillons de l'École anatomique à la disposition de la commission.

Il fut donc écrit, le 11 août 1846, à M. Gannal, de se présenter le 14 suivant à la Faculté de médecine, avec quantité suffisante de son liquide, afin de constater sa nature et d'y faire dissoudre la quantité d'acide arsénieux jugée nécessaire.

Le 14 août, M. Gannal ne se présenta pas, malgré l'assentiment qu'il avait donné à l'objet de cette réunion; mais il écrivit à la commission, séant au laboratoire de chimie de la Faculté, une lettre dans laquelle, après plusieurs fins de non-recevoir, il termine en disant « qu'il se renferme désormais dans la proposition qu'il a eu l'honneur de faire à l'Académie, c'est-à-dire *l'examen par exhumation des corps embaumés et nouvelles expériences d'embaumement dans des circonstances déterminées.* »

L'Académie regrettera peut-être que ces expériences n'aient pas été faites; mais la commission espère y suppléer, en invoquant les faits qui ont trait à la question qu'elle s'est proposé d'éclairer.

D'abord les sels d'alumine combinés avec les tissus animaux, peuvent-ils être employés d'une manière efficace, dans le but d'obtenir une conservation indéfinie? La commission croit pouvoir répondre négativement.

En effet, dans le rapport de M. Dizé, fait à l'Académie, le 8 mars 1836, en ce qui concerne l'acétate d'alumine, le chlorure d'aluminium à 20°, ou leur mélange, il n'est question, comme nous l'avons dit au commencement de ce rapport, que d'une conservation limitée.

Quant au dernier rapport de M. Dumas, à l'Académie des sciences, le 21 août 1837, il est dit :

« L'acétate d'alumine employé au titre de 18° de l'aréomètre de Baumé, à la dose de cinq à six litres, provenant de l'action de l'acétate de plomb sur le sulfate d'alumine et de potasse, *suffît pour conserver un cadavre pendant cinq ou six mois.*

« Le même sel d'alumine, résultant de la réaction du sulfate simple d'alumine et de l'acétate de plomb, *conserve un cadavre pendant quatre mois.*

« Le sulfate simple d'alumine, tout seul, *suffirait pour conserver un cadavre pendant deux mois.* »

Nous ne rappelons ici que ces citations, qui donnent les plus longues périodes pendant lesquelles la décomposition a été enrayée.

A la vérité, la solution des sels d'alumine, employés à l'embaumement pratiqué devant nous, marquait 34° de l'aréomètre de Baumé; mais cette concentration du liquide, ainsi que nous l'avons vu, n'a aucune influence favorable.

Si maintenant nous ouvrons, à la page 429, l'histoire des embaumements, où il est question d'une conservation indéfinie, c'est-à-dire de la préparation de pièces d'anatomie normale, d'anatomie pathologique et d'histoire naturelle, nous trouvons la composition des différents liquides conservateurs donnée par M. Gannal :

« 1° Une solution de sulfate simple d'alumine « à 6°, c'est-à-dire la dissolution de 1 kilogramme « de ce sel dans 6 litres d'eau. »

Cette solution a pour objet de faire dégorger les pièces à préparer ultérieurement ;

« 2° La dissolution de sulfate simple d'alumine « *dans de l'eau saturée d'acide arsénieux — 500* « *grammes d'arsenic pour 40 litres d'eau —* 6 litres « de cette dissolution pour 1 kilogramme de sul- « fate simple ;

« 3° De l'acétate d'alumine à 5°, *saturé d'acide* « *arsénieux.* »

Dans une note, page 430, après avoir parlé de quelques inconvénients que présente l'emploi de l'acide arsénieux, *M. Gannal conseille de le remplacer par du deuto-chlorure de mercure.*

Aux pages 344 et 345 du même ouvrage, M. Gannal indique à l'anatomiste et au naturaliste un liquide composé de 7 litres d'acétate d'alumine à 2° *et de 50 grammes d'acide arsénique.*

Ainsi, lorsque M. Gannal veut conserver indé-

finiment des pièces d'anatomie, il fait entrer dans
son liquide une préparation d'arsenic, ou du
deuto-chlorure de mercure, pour remédier à l'insuffisance des sels d'alumine qui, employés seuls,
ne peuvent donner lieu qu'à une conservation
temporaire.

La présence de l'arsenic, dans des corps embaumés par M. le docteur Lecoupeur, concession-
naire du brevet de M. Gannal, à Rouen, vient
confirmer la commission dans l'opinion qu'elle
vient d'émettre.

M. Morin, professeur de chimie à l'École de médecine de Rouen, a lu, à l'Académie des sciences
de la même ville, le 13 décembre 1844, un mémoire dans lequel il est question de l'analyse
d'une portion de muscle, provenant du cadavre
d'une jeune fille morte à l'Hôpital général, et
embaumée par le procédé de M. Gannal, il re-
cueillit, dit M. Morin, *une énorme quantité d'arsenic* en présentant des capsules de porcelaine à
la flamme d'hydrogène d'un appareil de Marsh,
dans lequel on avait introduit le liquide produit
par cette portion de muscle, traitée successivement par l'acide sulfurique et l'eau régale ; acides
dont la pureté avait été reconnue *à priori*.

En outre, un rapport adressé en avril 1845, à
M. Salveton, procureur-général près la Cour royale
de Rouen, par MM. le docteur Avenel et J. Girar-

din, professeur de chimie à l'Ecole municipale de
cette ville, contient le résultat de l'analyse, faite
en présence de M. le docteur Lecoupeur, de
60 grammes environ de tissus cellulaire et musculaire extraits du corps de Louis Brune, inhumé
au cimetière monumental, le 29 décembre 1843,
après avoir été embaumé par le procédé Gannal.
Dans ce rapport, on lit : « Aussitôt que le liquide
« provenant du cadavre de Brune arriva dans l'ap-
« pareil de Marsh, la flamme de l'hydrogène prit
« le caractère d'une flamme arsénicale et donna
« sur les soucoupes de porcelaine des taches
« abondantes et bien caractérisées d'arsenic mé-
« tallique. Et, ajoutent MM. Avenel et Girardin,
« nous essayâmes les taches recueillies, et nous
« leur trouvâmes tous les caractères de l'arsenic
« métallique. »

Les faits que nous venons de rapporter sont
extraits du *Journal de chimie médicale, de pharmacie et de toxicologie*, décembre 1845.

Dans le numéro de janvier 1846 du même re-
cueil, on trouve une réponse de M. Gannal, dans
laquelle il déclare avoir découvert, le 3 mars 1845,
un nouveau liquide pour lequel il a pris un brevet
d'invention ; il ajoute *qu'à l'avenir son liquide ne
présentera aucune trace d'arsenic*.

Est-ce ce nouveau liquide, exempt d'arsenic,
qui a servi à l'embaumement pratiqué sous les

yeux de la commission, le 14 mai suivant, ou tout autre ? C'est ce qu'il nous est impossible de dire.

Des faits précédents, la commission croit pouvoir conclure que, si les sels d'alumine, employés seuls, ne peuvent produire une conservation indéfinie, ils acquièrent cette propriété en leur associant une certaine quantité d'acide arsénieux ou arsénique.

Nous passons maintenant à la seconde partie du programme de la commission, c'est-à-dire à l'examen par exhumation des corps embaumés, et qui ont été inhumés dans les cimetières de Paris depuis un certain temps.

MM. Gannal et Sucquet furent donc invités, en novembre dernier, de vouloir bien mettre sous les yeux de la commission quelques-unes des personnes qu'ils avaient embaumées.

M. Gannal, contrairement à sa lettre du 14 août 1845, n'a pas cru devoir se rendre à notre désir.

M. le docteur Sucquet répondit que, le 27 novembre 1846, aurait lieu, au cimetière Montmartre, l'exhumation du corps d'une femme décédée le 13 mai 1845, à l'âge de quarante-cinq ans, et embaumée par son procédé.

Entre les mains de la commission se trouve un certificat de la famille de cette dame constatant que l'embaumement a été fait par M. Sucquet, et le procès-verbal du conservateur du cimetière et du commissaire de police présents à l'exhumation, ainsi que plusieurs membres de la famille, établissent l'identité de la personne.

Le corps, embaumé depuis environ dix-huit mois, n'exhale aucune odeur de putréfaction; le linceul, le bonnet, la camisole, la chemise, etc., sont légèrement humides. Le col, la poitrine, l'abdomen ayant été découverts, offrent un état parfait de conservation; la peau a toute sa souplesse et son élasticité. Les membres supérieurs et inférieurs sont, comme les parties précédentes, si bien conservés, qu'on croirait que le corps vient d'être mis dans le cercueil.

On enlève la flanelle qui entoure le genou gauche, et à la partie inférieure, on découvre une suture à la peau, dans la direction de l'artère poplitée; c'est, en effet, par cette artère que M. Sucquet fait pénétrer dans le corps son liquide conservateur.

La figure n'était pas couverte par le linceul, ainsi que les autres parties du corps; quelques gouttes de liquide, qui s'étaient rassemblées à la face inférieure du couvercle du cercueil en plomb, étaient sans doute tombées sur les joues et avaient produit quelques taches noirâtres; elles furent enlevées avec le doigt, ainsi que l'épiderme correspondant; mais les chairs sous-jacentes, résistantes et élastiques, étaient très-bien conservées.

Le résultat de cette exhumation est, pour la commission, un second exemple de la propriété conservatrice du chlorure de zinc.

M. Auzias, professeur particulier d'anatomie à l'École pratique, avait prié M. Sucquet de lui préparer un cadavre par son procédé; l'injection eut lieu le 28 février 1846. Nous avons vu ce sujet, qui est resté à l'air libre jusqu'à cette époque, et qui, par conséquent, a perdu sa partie aqueuse. Il nous a présenté une conservation tout aussi parfaite que celle du cadavre embaumé en présence de la commission. Nous mettons une partie de ce sujet sous les yeux de l'Académie.

M. le docteur Sucquet ne s'occupe pas exclusivement d'embaumements, il a découvert un autre liquide, le sulfite de soude, qui, comme les sels d'alumine, a une faculté conservatrice temporaire, mais à la vérité d'une moindre durée. Un rapport favorable a été fait au conseil de salubrité, par M. Guérard, sur l'emploi de ce sel dans les amphithéâtres de dissection de la Faculté. En ce moment, le sulfite de soude contribue à la salubrité des pavillons de l'École anatomique de Clamart.

La préparation des pièces d'anatomie normale et pathologique a fait aussi l'objet des études de M. Sucquet, ainsi qu'on peut le voir en visitant le Musée anatomique de la Faculté. La commission a dû se demander de quelle manière il parvenait à obtenir cette conservation illimitée qu'exigent les pièces d'anatomie. Elle a pris dans le Musée une préparation quelconque parmi toutes celles qu'y a déposées M. Sucquet ; c'est un foie appartenant à un chien ; la présence du chlorure de zinc, à l'exclusion de tout autre substance, constatée par notre laborieux collègue, M. Henry, chef des travaux chimiques de l'Académie, nous a démontré que le liquide conservateur des préparations anatomiques de M. Sucquet est le même que celui dont il se sert pour l'embaumement.

Pour ne laisser planer aucun doute sur la nature de la substance employée, soit à la préparation du cadavre de M. Auzias, dont il vient d'être question, soit aux embaumements pratiqués devant nous, M. Henry a bien voulu déterminer chimiquement les sels contenus dans ces différents sujets.

Cette vérification, *a posteriori*, est relatée dans le rapport suivant :

*Examen chimique de plusieurs portions de cada-
vres conservés par des procédés particuliers, et
remises par la commission des embaumements au
laboratoire de l'Académie de médecine, le 15 janvier 1847, par O. HENRY, chef des travaux chimiques de l'Académie.*

Ces pièces sont au nombre de sept :

1. Portion du foie du cadavre embaumé par M. Gannal en présence de la commission.

2. Portion de cuisse (muscles et peau) du cadavre préparé par M. Sucquet pour M. Auzias.

3. Portion du foie avec sa vésicule, provenant du sujet embaumé par M. Sucquet devant la commission.

4. Cœur du cadavre précédent.

5. Portion de muscles d'une jambe du cadavre précédent.

6. Muscle et peau d'une partie de cuisse du même cadavre.

7. Foie de chien, pris dans le Musée anatomique de la Faculté, parmi les préparations de M. Sucquet.

*Analyse de la pièce n° 1. Portion du foie du
cadavre préparé par M. Gannal.*

La matière est comme pulpeuse, très-molle sous les doigts, d'une odeur de putréfaction très-avancée.

On en a pris une partie A, qui fut mise dans un peu d'eau distillée et abandonnée à l'air libre. Le liquide ne virait pas au rouge le papier bleu de tournesol, mais il ramenait sensiblement au bleu celui qui avait été rougi; il était trouble, sale, filtrant difficilement, et donnant par les réactifs :

Nitrate d'argent très-acide, précipité caillebotté de chlorure.

Ammoniaque, précipité gélatiniforme blanc sale.

Potasse pure, précipité semblable, soluble dans un excès d'alcali.

Acide sulfhydrique, rien.

Sulfhydrate de soude, léger trouble blanc sale.

Chlorure de barium très-acide, précipité blanc de sulfate.

Une autre portion B fut divisée avec des ciseaux, carbonisée convenablement avec de l'acide sulfurique pur, l'odeur était très-désagréable et d'une fétidité extrême. Le charbon très-acide et très-pulvérulent traité par l'eau distillée, donna un liquide à peine coloré, qui fut essayé par l'appareil de Marsh.

On n'obtint aucune tache arsenicale.

Par l'ammoniaque à saturation convenable, il donna un abondant précipité gélatiniforme blanc sale.

Par la potasse pure en excès, le précipité devint soluble.

Le dépôt gélatiniforme fut mêlé avec un peu de nitrate de cobalt et chauffé, la matière devint d'un beau bleu.

De l'oxyde de zinc hydraté gélatiniforme, mis de même avec le sel de cobalt, n'a fourni aucun résultat semblable.

Le même précipité fut dissous dans l'acide sulfurique, et additionné d'un peu d'ammoniaque. on obtint bientôt par évaporation des cristaux très-nets de sulfate double d'alumine et d'ammoniaque, alun (1). Le sel dissous dans l'eau, a donné tous les caractères des sels d'alumine par les réactifs.

Les sels contenus dans cette pièce n° 1 étaient à base d'alumine, le sulfate et le chlorure.

Analyse des pièces appartenant à M. Sucquet,
n°s 2, 3, 4, 5, 6 et 7.

Tous ces échantillons, sans exception, n'exhalaient aucune odeur putride, on n'y reconnaissait qu'une odeur de matières graisseuses.

Nous avons humecté d'eau pure une partie de chacun des six échantillons ci-dessus, et on a laissé à l'air libre pendant quinze jours ; au bout de ce temps, nous n'avons remarqué aucune odeur putride désagréable ; les échantillons, ainsi

_____

(1) Ce sel cristallisé est mis sous les yeux de l'Académie.

pénétrés par l'eau, prirent une certaine souplesse en se ramollissant progressivement.

Les six échantillons furent traités d'abord par l'eau distillée à une douce chaleur, la liqueur prit rapidement (lentement avec le n° 7) une couleur jaunâtre; elle rougissait fortement le papier bleu de tournesol. Ce liquide évaporé contenait une assez grande quantité de matière animale qui, par la concentration, devenait en petite partie insoluble et fonçait la liqueur; rapproché à siccité et repris par l'eau distillée, le résidu très-acide indiquait les réactions suivantes :

Avec le nitrate d'argent, précipité cailleboté blanc, insoluble dans l'acide nitrique.

Avec l'acide sulfhydrique, rien, ou très-léger trouble.

Avec l'hydro-sulfate de soude, précipité blanc sale.

Avec la potasse et l'ammoniaque, précipité blanc sale, presque tout entier soluble dans un excès de ces alcalis.

Avec l'iodure de potassium, rien de distinct.

Avec le carbonate de soude, précipité blanc gélatiniforme.

Avec le cyano-ferrure de potassiun, précipité blanc bleuâtre, par un peu de fer. .

Ces essais terminés, nous avons pris une portion des six échantillons, et nous avons calciné isolément chacun d'eux avec de l'acide sulfurique pur, d'après la méthode de M. Flandin, en ayant soin d'amener le résidu sous la forme d'une poudre un peu humide et encore acide; ce résidu fut traité par l'eau distillée, et on filtra. La liqueur obtenue était légèrement jaunâtre; elle donna par les réactifs, cités plus haut, des réactions tout à fait semblables à celles produites par le premier traitement.

Une partie du liquide introduit dans un appareil de Marsh, ou établi sur sa méthode, ne nous a donné aucune tache arsenicale.

Une autre partie du même liquide fut décomposée avec soin par le carbonate de soude, et le précipité blanc gélatiniforme obtenu, fut calciné légèrement après avoir été convenablement lavé. Le produit humecté d'un peu de nitrate de cobalt et chauffé au chalumeau n'a pas produit de coloration bleue, comme cela aurait eu lieu avec de l'alumine gélatineuse.

Le même produit traité par le bisulfate de potasse ne nous donna pas de cristaux d'alun.

Traité aussi par l'acide sulfurique pur à saturation convenable, on a eu, après la concentration, un sel blanc cristallisé, offrant les réactions d'un composé de zinc.

Enfin, le produit ci-dessus, mêlé de charbon et calciné fortement dans un petit tube fermé par l'une de ses extrémités, a fourni un résidu qui donna, avec l'acide sulfurique étendu d'eau, un dégagement abondant de gaz hydrogène (légèrement sulfuré) : ce gaz était dû à du zinc réduit (1).

Tous les caractères des produits analysés ci-dessus se rapportent donc à un sel de zinc (le chlorure) employé pour la conservation des pièces examinées, lesquelles ne contenaient aucun produit arsenical ni mercuriel.

22 février 1847.   O. HENRY.

De tous les faits qui concernent respectivement MM. Dupré, Gannal et Sucquet, il résulte les conséquences suivantes :

Le mélange des gaz acides sulfureux et carbonique, proposé par M. le docteur Dupré pour l'embaumement, ne paraît propre à retarder la putréfaction que pendant un temps très-limité.

Les sels d'alumine employés par M. Gannal dans l'embaumement ne donnent pas lieu à une conservation indéfinie, mais votre commission est portée à penser qu'ils acquièrent cette propriété par l'addition d'une préparation d'arsenic.

Le liquide dont fait usage M. le docteur Sucquet dans ses embaumements ne contient pas

_____

(1) De l'oxyde de zinc, provenant du sel contenu dans les pièces examinées, est déposé sur le bureau de l'Académie.

d'arsenic, et la conservation des corps qui en est le résultat est si parfaite qu'elle ne laisse rien à désirer, toutefois pendant le laps de temps qu'elle a été constatée, et qui est d'environ deux ans.

Votre commission croit cependant, d'après l'état des pièces que nous avons sous les yeux, qu'il doit en être du chlorure de zinc combiné avec les tissus animaux, comme du perchlorure de mercure, c'est-à-dire qu'il produit une conservation indéfinie.

Nous ne saurions terminer ce rapport sans dire quelques mots d'un mode d'embaumement dû aux travaux de M. Gorini, professeur de physique à Lodi. Parmi les pièces qu'il nous a montrées, quelques-unes reproduisent à s'y méprendre les plus belles exécutions en cire des parties du corps. Mais M. Gorini n'a pas saisi l'Académie de sa découverte, il fait jusqu'à présent un secret de son procédé; il nous a dit cependant que ses préparations exigeaient au moins deux ou trois jours de manipulations, et que l'embaumement d'un corps entier demandait 7 à 800 francs de dépense.

En outre, les pièces que nous avons vues sont d'une dureté comparable à celle de la pierre, tandis que, par le procédé de M. Sucquet, le sujet embaumé et inhumé immédiatement conserve toute sa souplesse et se trouve dans le même état que s'il venait d'être placé dans le cercueil.

— Les conclusions du rapport sont mises aux voix et adoptées.

Ont signé : MM. ORFILA, BLANDIN, CAVENTOU, LONDE, POISSEUILLE, rapporteur.

Certifié conforme :

Le Secrétaire perpétuel de l'Académie royale de médecine,

Signé : PARISET.

Cet important document fit bientôt autorité et fixa l'opinion publique sur la valeur respective des procédés d'embaumement en présence. Aucune des méthodes connues ne pouvait être mise en parallèle avec celle-ci pour la simplicité de sa pratique, pour la décence des conditions où elle s'exécutait et pour la sûreté de ses résultats. Plus de table d'injection, plus de vernis, plus de lames et de bandes de plomb, ou d'étoffes. Tout ce qui pouvait livrer, à des yeux étrangers, des corps sans voiles et alarmer de pudiques respects, allait donc être abandonné sans danger. Une simple injection dans le lit suffisait à tout. Les familles adoptèrent bientôt cette méthode avec empressement et, jusqu'à ces derniers temps, elle a été suivie par ceux-là mêmes qui la combattaient violemment à son début.

Il faut remarquer cependant que ce retour des moins bien intentionnés, n'eut pas lieu tout à fait de bonne grâce. Un événement grave dans la question de l'embaumement était survenu. L'arsenic dont on avait inutilement tenté de dissimuler l'emploi avait été proscrit par la loi. Une ordonnance du roi en date du 31 octobre 1846, titre II, art. 10, interdit cette substance dans cette opération. En outre, des ordonnances de police prescrivirent la présence des commissaires de police dans l'embaumement, afin d'y recueillir un échantillon des liquides employés et de rechercher et de poursuivre, s'il y avait lieu, l'usage de tout composé arsénical.

Ces mesures de l'autorité sont faciles à comprendre. Après un empoisonnement par l'arsenic, il serait possible de faire embaumer le corps par cette substance afin de dissimuler l'empoisonnement. On rendrait ainsi toute recherche médico-légale inutile et l'impunité du crime serait assurée.

Mais si l'interdiction de l'arsenic se justifiait d'elle-même, aux yeux de tous, elle avait, en même temps, une grande influence sur l'avenir des procédés d'embaumement. En effet, elle atteignait mortellement la méthode Gannal et laissait le chlorure de zinc sans antagonisme. Les expériences de l'Académie de médecine venaient de démontrer que le sulfate d'alumine ou le chlorure d'aluminium qui formaient la base de son liquide conservateur, étaient insuffisants sans l'addition de quelques onces d'acide arsénique. Or l'arsenic étant désormais exclu des embaumements, on en déduisit la conséquence légitime que le procédé Gannal ne pouvait plus conserver. L'opération que j'avais instituée restait donc non seulement comme la méthode la plus convenable, mais encore comme la seule qui fut scientifiquement expérimentée, comme l'unique procédé certain. Cela peut être affirmé plus que jamais aujourd'hui. Pendant quinze années d'une pratique très-suivie, je n'ai été témoin d'aucun fait, qui puisse invalider le verdict de l'Académie de médecine, et le chlorure de zinc reste toujours, à mes yeux, le premier des liquides conservateurs.

Cependant l'embaumement moderne tel qu'il sortit des conclusions de l'Académie de médecine laissait beaucoup à désirer encore. L'expérience et le temps sont venus tour à tour mettre plus tard en lumière les défectuosités de ses moyens et de sa méthode.

Les corps savants peuvent bien attacher exclusivement leur intérêt à la conservation intégrale des corps, et lorsqu'un procédé a réalisé cette condition, comme le fit le chlorure de zinc, sous les yeux de l'Académie, ils peuvent se déclarer satisfaits. Mais le public est plus exigeant et la forme de la conservation ne lui est point indifférente. Moins heureux que les anciens opérateurs égyptiens qui rendaient aux familles un corps enveloppé de bandelettes et absolument invisible pour elles, les chirurgiens de nos jours, laissent sous les yeux des embaumements soumis à des observations très-délicates. Si les traits se montrent altérés ou modifiés dans leur volume, ou même dans leur coloration, il surgit autour de leur œuvre un mécompte d'autant plus vif que le souvenir d'une image toujours chère est devenu, depuis la mort, plus précieux et plus attachant. L'embaumement dans les classes élevées de l'Europe, n'est point la momification égyptienne. S'il n'est plus la vie, il doit être au moins son apparence, et, s'il leur faut accepter la dure réalité de la mort, elles ne veulent point en supporter les outrages sur ceux qu'elles ont perdus. Ces conditions sont délicates à remplir, et en ce moment beaucoup de ceux qui entreprennent une semblable opération, d'un cœur léger et sans y être très-exercés, ne l'entreprendront pas deux fois au même foyer. J'en ai pour garant les embarras, les soucis et le malaise que cette opération m'a causés, malgré une très-longue et très-attentive pratique. Il ne sera donc pas sans intérêt de faire assister le lecteur aux péripéties qu'elle a traversées pendant quinze ans. Je réunirai ce que j'ai à dire à cette occasion, sur les sujets suivants : Choix de l'artère à injecter, composition des liquides, coloration des parties visibles du corps, infidélité de la méthode d'injection.

On croit, en général, que les injections conservatrices doivent être exécutées par l'une des artères carotides primitives. Il ne faut point être exclusif sur ce point, et même, si cela se peut, il faut choisir une autre artère. Aux yeux des familles, le cou est une région noble qu'il est regrettable d'inciser. D'ailleurs, l'incision y est fréquemment accompagnée de la blessure de quelque branche des veines tyroïdiennes, blessure qui devient embarrassante, à la fin de l'injection, par le retour abondant de liquides sanguinolents. La vue de cet écoulement venant du cou, affecte péniblement les parents qui assistent à l'opération. Cette hémorrhagie force le chirurgien à placer des ligatures sur ces veines, à travers une incision étroite, ce qui n'est pas toujours sans difficultés et sans tâtonnements pénibles pour tout le monde. D'un autre côté, on rencontre souvent des sujets offrant de l'embonpoint, avec un cou volumineux et court chez lesquels les artères carotides primitives sont toujours profondes, ce qui embarrasse la manœuvre pour la pose des canules et des ligatures et pour le jeu de la seringue. Enfin l'injection par une des carotides primitives, a l'inconvénient de donner un volume inégal aux deux côtés du visage. En effet, le côté où se pratique l'injection, ne reçoit le liquide qu'indirectement par l'artère vertébrale, les artères cérébrales et les rares anastomoses faciales de l'opthalmique. Le côté opposé la reçoit, au contraire, directement par les artères carotides externes et par la faciale. Cette inégalité du volume des joues, altère l'expression et le caractère du visage, objet de toute l'attention des familles, et n'échappe pas toujours aux assistants.

L'artère la plus convenable pour l'injection, dans la grande majorité des cas, est l'artère crurale, immédiatement au-dessus du bord supérieur du muscle couturier. Le choix de cette artère oblige, il est vrai, d'introduire une seconde canule dans le bout inférieur du vaisseau pour injecter l'extrémité du membre, mais j'ai trouvé que ce supplément de manœuvre était bien racheté par d'autres avantages. Cette artère est dans une région plus accessible et moins réservée que le cou. Il n'y a sur ce point que des veines peaussières dont la blessure ne peut donner lieu à aucun retour hémorrhagique sérieux. En outre, cette artère conduit directement l'injection dans les grands viscères de l'abdomen et dans le canal intestinal, qui se trouvent ainsi pénétrés le plus intimement, ce qui n'est pas sans intérêt, ces organes étant le siége le plus redoutable de la décomposition. Enfin l'injection poussée par l'artère crurale, aborde le visage par ses deux côtés à la fois et en même temps, de manière à produire une égale tension dans ses vaisseaux et une égalité de volume dans toutes ses parties

Il y a cependant des cas où cette artère doit être délaissée, c'est celui des sujets fortement hydropiques. Alors les membres inférieurs sont très-volumineux et leurs artères crurales profondes, tandis que le buste est très-amaigri et les artères carotides primitives très-accessibles. La région cervicale devient alors le lieu d'élection le plus convenable pour la pratique de l'embaumement.

Du reste, il faut être prêt, en général, pour toute opération sur quelque artère que ce soit. Nous avons rencontré des cas dans lesquels il nous était imposé pour condition de ne pas même voir le corps à embaumer. Ce corps devait rester dans son lit et sous un voile. Nous n'avions alors que la ressource de sortir un des bras comme pour une saignée et de découvrir l'artère brachiale, à la partie inférieure et interne du muscle biceps. Je remplissais alors patiemment le système artériel de six litres d'injection par cette branche éloignée mais encore très-suffisante.

Mais c'est surtout, dans les cas de mort violente, à la suite de duels ou de blessures par armes à feu, qu'il est de toute nécessité de posséder une connaissance étendue de l'anatomie pour pratiquer des embaumements. Rien n'est de trop alors pour remplir honnêtement la tâche dont on est responsable. J'ai embaumé entre autres sujets, dans ce cas, les morts de la révolution de 1848, déposés à l'hôpital de la Charité, et ce ne fut qu'après des ligatures et des injections partielles faites dans les régions du corps les plus variées, qu'il devint possible d'atteindre un résultat satisfaisant, constaté depuis officiellement.

Les dissolutions de chlorure de zinc employées dans l'embaumement doivent encore être l'objet de l'attention spéciale des chirurgiens. Je les purifiais non-seulement de tout arsenic, mais encore du fer que pouvait contenir le zinc. Je dissolvais dans de l'acide chlorydrique un peu étendu d'eau et dans des vases de terre, du blanc de zinc, oxide obtenu par la sublimation du métal et dépourvu de fer. J'avais pour but d'éviter sur le lit et le linge blanc dont les corps étaient revêtus, les tâches ocreuses que le liquide ferrugineux produisait par accident. Enfin vers la fin de cette dissolution, j'ajoutais au blanc de zinc de la grenaille de ce métal, réalisant ainsi un véritable appareil de Marsh qui éliminait sous forme d'hydrogène arséniqué tout l'arsenic que pouvait contenir l'oxyde de zinc avec lequel l'arsenic aurait été sublimé.

Mais c'est au point de vue de sa concentration, que le chlorure de zinc attirait particulièrement la vigilance. L'expérience m'apprit bientôt la différence qui existe entre les artères athéromateuses des vieillards et les artères minces et transparentes des jeunes sujets, des enfants surtout. Les premiers supportent sans rétraction le contact du chlorure de zinc à 40° de Beaumé. Les autres se crispent, au contraire ; leur calibre diminue et peut même s'effacer presque complétement. J'ai rencontré des médecins qui se plaignaient de l'impossibilité où ils s'étaient trouvés d'injecter plus de deux seringues de liquide et manifestaient leurs doutes sur la conservation opérée par cette quantité de liquide. Ils avaient raison. L'introduction du chlorure de zinc est très-facile pour les vieillards, au-dessus de 40°, et très-difficile pour les enfants à ce degré-là. J'avais dans ma trousse un aréomètre et suivant l'âge des jeunes sujets et la transparence de leurs artères, je descendais le degré jusqu'à 20°, en ajoutant de l'eau au liquide d'injection.

Mais ce qui rend surtout le chlorure de zinc d'une application très délicate, c'est son action spécifique sur la peau. Dès que l'embaumement doit être pour les familles l'image d'un sommeil tranquille, il faut que les traits ne soient altérés en rien. Or les préparations métalliques conservatrices sont loin d'être sans effet sur eux. Ils coagulent l'albumine des tissus qu'ils pénètrent et le visage où cette réaction a eu lieu, perd sa transparence. Sur les personnes d'un teint brun, il offre d'abord des marbrures d'un aspect singulier, tenant à la décoloration des points où le liquide a cheminé, les autres parties restant encore brunes. Mais peu à peu le visage entier est imprégné et devient d'un blanc mat et d'un gris terreux. Enfin dans les expositions qui durent pendant quelques jours, on est frappé de son amaigrissement rapide et de l'émaciation surprenante de tous les traits. La tête élevée sur des coussins est alors abandonnée par les liquides dénués de plasticité albumineuse, et ces liquides uniquement salins gagnent les parties plus déclives en obéissant à la pesanteur.

J'ai fait, pendant plusieurs années, tous les efforts imaginables pour atténuer ces effets si regrettables du chlorure de zinc. Tout alors devenait l'objet d'une minutieuse attention.

Le personnel attaché au service du défunt renouvelait, sous mes yeux, le linge du lit et du corps, et, s'il y avait lieu, procédait aux soins de toilette nécessaires et faisait disparaître de l'appartement tout ce qui pouvait rappeler les souffrances et la confusion des derniers moments. Le visage était alors coloré très-légèrement et recouvert d'un voile transparent. La lumière du jour et des cierges était distribuée discrètement autour de lui. Des essences étaient répandues sur les tapis, et dans cet appartement naguères en désordre et désolé, régnait bientôt une calme pénombre. un pieux recueillement, une atmosphère doucement pénétrante.

C'est par un tel ensemble de soins et de dispositions que l'embaumement était devenu, il y a une douzaine d'années, une opération fréquente dans tous les rangs de la société parisienne. Elle était non-seulement un témoignage d'affection pour les membres que les familles avaient perdus, mais encore une consolation pour ceux qui leur survivaient. C'est à l'oubli de toutes les précautions et de tous les détails que comportent les embaumements, qu'il faut attribuer aujourd'hui la diminution de leur prestige. Ils ne consistent pas uniquement en une injection plus ou moins complète comme je l'ai cru moi-même, au début, comme le pensent peut-être la plupart des opérateurs actuels. Les familles acceptent sans doute le fait accompli tel quel, mais elles en gardent un triste souvenir, la pratique devient rare et on tente des retours vers les anciens procédés. Mais les chirurgiens qui n'auront dans leur carrière, et de loin en loin, que des occasions fortuites de pratiquer un embaumement peuvent-ils s'attacber à la recherche des soins qu'il exige? Il n'y a évidemment que des spécialistes qui puissent le faire avec intérêt, car ils y trouvent la rémunération de leurs efforts et une satisfaction personnelle dans la satisfaction générale qui s'exprime autour d'eux en termes souvent touchants.

Cependant, malgré tous les succès, je ressentais vivement l'imperfection de la méthode pour la conservation des traits, et je recherchais avec obstination les moyens d'y remédier. Je venais alors de découvrir la circulation dérivative des membres et de la tête chez l'homme, travail couronné depuis par l'Académie des sciences. Je savais donc que la circulation du visage est une circulation à part, isolée, et n'ayant avec la circulation profonde du crâne que de faibles communications par les anastomoses de l'artère ophthalmique avec la faciale. Je résolus d'injecter à part cette circulation avec un liquide sans action sur le visage et teinté de rouge, le reste du corps et de la tête devant être injecté après par le chlorure de zinc. J'évitais ainsi d'altérer les traits, je conservais au visage sa transparence naturelle et je le vivifiais sans manœuvre, sans cosmétiques, sans aucun des embarras éprouvés jusque-là. Ce dernier résultat était d'autant plus satisfaisant que la coloration n'était plus superficielle et arbitraire, parce qu'elle était produite par les capillaires du sujet remplis d'un liquide rouge comme pendant la vie.

Ce liquide était du sulfite de soude coloré et marquant 20° à l'aréomètre de Beaumé. L'action de ce sulfite était parfaitement connue depuis qu'en 1847, et d'après mes recherches, il avait été introduit dans les amphithéâtres d'anatomie de Paris, pour l'injection et la conservation des corps destinés aux études; son innocuité sur les tissus et ses propriétés antiseptiques avaient été l'objet de l'examen approbatif des commissions du conseil de salubrité et du conseil des hôpitaux, et son application avait été récompensée d'un prix Monthyon par l'Académie des sciences. Il répondait donc entièrement à la conservation uniquement des téguments de la face et à la permanence des traits.

Afin d'opérer avec sûreté cette restitution des caractères individuels du visage altérés soit par de longues maladies, soit par la mort; je pratiquais de chaque côté du cou, dans sa partie supérieure, deux incisions, et je mettais à nu les deux artères carotides externes. Après les avoir incisées dans les deux tiers de leur calibre, j'introduisais dans le bout supérieur de chacune d'elles une canule que je fixais sur le vaisseau par une ligature. Je posais également une ligature sur le bout inférieur de l'une de ces artères, et j'introduisais dans le bout inférieur de l'autre une grosse canule destinée à l'injection ultérieure du chlorure de zinc, en la consolidant aussi par une ligature serrée.

Cela fait, avec une petite seringue à hydrocèle, je prenais du sulfite de soude coloré et j'injectais les artères carotides externes, tantôt l'une, tantôt l'autre, de manière à donner aux deux côtés du visage la plénitude et la coloration voulues. Rien n'eût été plus facile alors que de reproduire toutes les apparences de la vie. La forme, le volume, la coloration des traits étaient réellement en mon pouvoir, mais la mort ne pouvait être oubliée. Sa présence impose une grave mesure que l'art ne saurait dépasser sans se blesser lui-même. Aucun art, en effet, plus que celui-ci, n'a besoin de réserve et de dignité, car il s'exerce aux heures suprêmes, heures de deuil, heures où surgissent pour tous les esprits des pensées sévères.

Après l'injection des artères carotides externes, je procédais à l'injection du chlorure de zinc par la canule insérée sur le bout inférieur d'un de ces vaisseaux, cette canule portait la liqueur conservatrice dans le corps, dans les membres, et enfin, par les deux artères vertébrales, dans le crâne d'où elle aurait pu atteindre l'artère faciale par l'opthalmique, mais l'artère faciale et ses anastomoses se trouvaient alors déjà remplies de sulfite de soude, et toute action du chlorure de zinc sur les traits était évitée.

J'ai pratiqué par ces deux injections, suivies d'ailleurs des autres soins exposés plus haut, des embaumements très-remarquables et dont le souvenir subsiste toujours. Cependant ils avaient encore un point défectueux. Généralement, à la suite de ces opérations, les mains restant jointes et visibles, l'injection au chlorure de zinc qu'elles avaient reçue. les rendait d'un blanc mat, grisâtre, qui contrastait. avec le teint naturel du visage. Cette circonstance n'échappait pas toujours aux parents, et je me rappelle encore l'observation regrettable dont elle fut l'objet, chez une grande dame napolitaine dont l'embaumement rencontrait d'ailleurs la plus touchante approbation.

Je remédiai plus tard à cet inconvénient en demandant qu'on passât des gants aux mains au moment de procéder aux derniers soins de toilette du défunt.

Mais tous ces efforts allaient bientôt devenir inutiles, un obstacle imprévu pour les embaumements, un obstacle irrémédiable par les moyens connus, s'affirmait de plus en plus à mes yeux. Cet obstacle tenait à la méthode d'injection elle-même.

L'injection artérielle comme moyen d'introduire un liquide dans toute la partie artérielle du système sanguin, était connue depuis longtemps dans les études anatomiques. Elle y était même connue comme un moyen délicat et sujet à des insuccès fréquents. Les injections générales soit de suif, soit de cire fondue, ne réussissent pas toujours, surtout dans les extrémités éloignées du point d'impulsion. Pour faire alors des injections bien réussies, il faut qu'elles soient partielles. Lorsque cette méthode fut admise à porter des liquides conservateurs, d'un seul point dans toute l'étendue de l'arbre artériel, on ne demanda même pas si elle serait toujours suffisante, si elle ne trouverait jamais dans sa route aucun obstacle à sa marche. Les premiers essais réussirent et firent évanouir les doutes, s'ils s'étaient élevés dans quelque esprit positif. Il fallait pour ouvrir les yeux que ce procédé d'injection fût pratiqué sur une grande échelle et sous les regards de tous. Or cette expérience se trouva involontairement instituée, le jour où mon travail sur le sulfite de soude fut appliqué dans les amphithéâtres d'anatomie, dans des proportions qui dépassent aujourd'hui plus de quarante mille sujets. Or, il est résulté de cette grande expérimentation que la méthode d'injection est incertaine, pour les extrémités des membres particulièrement. Si on visite les salles d'anatomie, on y trouve toujours un ou plusieurs corps dont les pieds et les mains sont dans un état de décomposition plus ou moins avancée, quand le reste du sujet est toujours dans l'état normal. On voit même quelquefois dans les parties volumineuses des membres, des parties altérées qui forment comme des îles verdâtres, au milieu des tissus environnants toujours naturels.

Frappé de ces résultats, je recommandai au personnel chargé du service des injections, d'apporter toute leur attention à faire pénétrer le liquide conservateur, jusques dans les points les plus éloignés. Tout fut inutile. Ce personnel a été renouvelé plusieurs fois, mais sans plus de succès. Il faut donc admettre que, dans un certain nombre de cas, il est impossible de porter dans certaines parties du corps des moyens antiseptiques par la méthode d'injection. Il est pénible sans doute d'arriver à cette conclusion, mais si on réfléchit qu'il y a souvent dans les artères après la mort, soit des concrétions fibrineuses, soit de petits caillots sanguins, on ne sera pas surpris que l'injection les pousse devant elle jusqu'à ce qu'ils arrivent dans des divisions de l'arbre artériel trop petites pour leur donner encore passage et y forment un tampon obturateur qui ne permet pas à l'injection d'aller plus loin en quantité suffisante et d'assurer la conservation au delà de cet obstacle à sa marche.

Que faire en présence de cette infidélité possible de la méthode d'embaumement moderne? Se recueillir dans la retraite et chercher toujours, car il était impossible que la science de nos jours fût impuissante à résoudre la question de l'embaumement tel que le comporte la civilisation européenne. Plusieurs années furent consacrées à ces nouvelles recherches.

RECHERCHES NOUVELLES

MILIEUX CONSERVATEURS.

On a écrit que la conservation du corps humain était impossible dans nos climats du nord, leur basse température et leur humidité s'opposant à toute dessication définitive. Rien n'est moins fondé. La dessication n'est pas le seul moyen de soustraire le corps de l'homme à la décomposition. D'ailleurs, si la nature a recours à ce procédé dans les sables de l'Egypte, elle ne l'oublie pas en Europe. Elle a même dans ce pays des méthodes supérieures à la momification égyptienne, car les restes humains qu'elle y conserve, gardent leurs formes, leur couleur et leur souplesse beaucoup mieux que les momies des déserts africains.

Personne n'ignore qu'on rencontre souvent dans nos cimetières des corps entièrement conservés depuis longtemps. Ces sujets ne sont pas desséchés et momifiés. L'humidité naturelle du sol dans lequel ils sont inhumés ne permet pas l'évaporation entière des liquides qui les composaient. Ils sont diminués de volume, mais ils gardent encore, à ce qu'il paraît, leur souplesse et leur aspect naturel. Il y a même dans notre pays des lieux restés remarquables pour avoir assuré les corps humains qu'ils recevaient contre la décomposition. Je citerai particulièrement les souterrains des Cordeliers et des Jacobins de Toulouse, le cimetière de Saint-Nicolas, les caveaux de Saint-Michel à Bordeaux. « Le sacristain des Jacobins de Toulouse, dit le père Labat, dans ses voyages, nous conduisit dans une espèce de cellier autour duquel, il y avait un assez grand nombre de corps de nos religieux, rangés à côté les uns des autres, secs, légers et si peu défigurés que ceux qui les avaient connus vivants les reconnaissaient et les nommaient. J'en pris quelques-uns, entre autres celui d'un jeune religieux mort à dix-huit ans. La jeunesse était encore peinte dans les traits de son visage, et, excepté la couleur, rien ne lui manquait pour le faire croire vivant. Rien de plus léger que ces corps. Le sacristain nous dit que suivant la disposition du temps, ils étaient droits ou courbés. Il nous dit aussi que suivant ses registres, il y avait des corps qui étaient depuis plus de cent ans dans ce lieu. »

MM. les docteurs Boucherie, Bermont, Gaubert et Preissac fils, nous fournissent des renseignements sur les caveaux de Saint-Michel de Bordeaux :

« Les cadavres qu'on montre à Bordeaux, dans le caveau situé sous la tour Saint-Michel, y ont été déposés en 1793, à peu près dans l'état où nous les y retrouvons aujourd'hui. Ils proviennent des sépultures de l'église et du cimetière qui était à sa porte. Une grande quantité d'os, et de débris de parties molles desséchées et conservées comme les cadavres entiers, forment une couche de dix-sept à dix-huit pieds, sur laquelle sont appuyées les extrémités inférieures de soixante-dix sujets, dressés en cercle le long du mur et maintenus dans la position verticale par des cordes qui les retiennent. Les uns, dit-on, reposaient dans la terre depuis plusieurs siècles, d'autres depuis soixante ou quatre-vingts ans au plus.

« Lors de notre visite, le 23 du mois d'août 1837, nous voulions constater avec soin l'état de ces corps, celui du milieu où ils se conservent depuis plus de quarante ans, et surtout nous procurer des lambeaux de la peau et des muscles, pour les examiner à loisir et les soumettre à quelques réactifs chimiques qui pussent nous révéler la présence de l'élément conservateur. Nous ne pouvions espérer de recueillir de la terre qui les avait recouverts, puisqu'ils étaient superposés à des débris jetés dans ce lieu à l'époque où ils y avaient été renfermés.

« Après nous être munis d'un thermomètre qui donnait 24° R., et d'un hygromètre à 34° (à l'air libre, l'un et l'autre), nous avons descendu trente à quarante marches qui conduisent au caveau. La fraîcheur ne nous a pas paru saisissante, comme elle l'est pour l'ordinaire à cette profondeur pendant les ardeurs de la canicule. Nos deux instruments déposés sur le sol, nous avons procédé à l'examen des cadavres.

« La peau de toutes ces momies, d'un gris plus ou moins foncé, desséchée et assez douce au toucher, fait éprouver la sensation d'un parchemin faiblement tendu sur des organes desséchés et de consistance d'amadou; les articulations sont raides et inflexibles; la poitrine, le ventre et le crâne, examinés avec soin, ne laissent observer aucune incision, aucune ouverture régulière qui indique quelque trace d'embaumement, même des plus imparfaits. Les différents organes du visage, encore distincts chez quelques-uns, donnent de la variété à ces physionomies; deux ou trois présentent les poils de la barbe assez bien conservés, les dents saines et recouvertes d'un émail brillant. Les extrémités, supérieures et inférieures, exactement desséchées et entières chez beaucoup de sujets, sont pourvues de toutes les phalanges ; la dernière pourtant est dépouillée de l'ongle. La peau, soulevée et considérée à sa partie interne, est tannée comme à l'extérieur ; toute trace de tissu cellulaire a disparu. Les muscles, séparés de la peau, ont la couleur, la consistance et presque la structure intérieure de l'amadou. La main introduite dans la poitrine y trouve quelques débris des poumons, d'un réseau assez semblable à celui des feuilles des arbres, dépouillées de leur partie charnue : on dirait une masse de feuilles disséquées par les chenilles et rendues adhérentes par les fils et la liqueur visqueuse que ces insectes y déposent. Les intestins, desséchés aussi, sont à peu près dans le même état.

« Tels sont les principaux détails qui se sont présentés à nous dans le cours de notre examen : au premier aperçu, il paraît étonnant que ces corps, extraits depuis près de quarante ans du milieu où ils se sont desséchés, n'aient éprouvé aucune altération sensible dans un caveau situé profondément sous la terre et surmonté d'une construction telle que la tour de Saint-Michel. Revenons à nos instruments : peut-être nous aideront-ils à expliquer ce fait. Après une heure de séjour dans cette atmosphère, le thermomètre a passé de 24 à 18°, et l'hygromètre de 34 à 42°, ce qui donne une différence pour le premier de 6°, pour le second de 8°, différence bien faible, si on la compare à celle des caves et autres lieux dans la même position apparente. Cet état thermométrique et hygrométrique de l'air, toujours invariable, est, nous n'en doutons pas, une des circonstances les plus puissantes pour maintenir ces momies. A quoi, d'ailleurs, pouvons-nous attribuer ce double état de l'air dans le souterrain ? Une fermentation lente, des mouvements de décomposition latente dans la masse énorme de débris animaux qui forment le sol de ce réduit, n'en sont-ils pas la cause probable ? Nous le pensons, et nous livrons cette idée à la méditation des savants. »

Nous citerons encore parmi les conservations naturelles, les corps d'un couvent de Palerme et celles de l'hospice du Mont Saint-Bernard. On voit que la nature, en Europe, n'est point avare d'exemples de momification. Nous apprendrons même, en l'interrogeant de près, que ses procédés sont beaucoup plus variés dans ce pays qu'en Afrique.

En effet, elle y obtient la dessiccation des corps par une haute température, comme dans les sables de l'Egypte. Les conservations des Jacobins de Toulouse doivent être rangées dans cet ordre de faits. Julia Fontanelle regarde la chaleur élevée des caveaux des Jacobins comme la cause principale de cette préservation. Les tombeaux de pierre où les morts étaient déposés s'échauffaient comme le milieu dans lequel ils se trouvaient, et si ces tombes étaient de pierre poreuse, comme la topographie de Toulouse peut le faire supposer, les corps des religieux devaient y perdre facilement leurs liquides. Enfin une exposition à l'air pendant quelque temps, à la sortie des sépulcres, achevait leur dessiccation.

Il en est tout autrement pour les momifications de Palerme et du Mont Saint-Bernard. Dans le couvent de Palerme il existait un canal souterrain dans lequel coulait un ruisseau. Sur ce canal, les religieux avaient établi une grille sur laquelle ils déposaient leurs morts à nu. L'épiderme se décollait bientôt et le derme laissait transpirer et tomber dans l'eau les liquides profonds du corps sans subir de décomposition à cause de la basse température du lieu. Vers la fin de l'opération, les sujets étaient exposés à l'air libre pour compléter leur dessiccation, et rangés ensuite dans une chapelle.

C'est encore à l'action du froid, qui suspend toute fermentation, que les corps des voyageurs perdus dans les neiges des Alpes doivent leur momification, dans la morgue de l'hospice du Grand Saint-Bernard. La température du couvent, à 7,200 pieds au-dessus du niveau de la mer, est rarement au-dessus de zéro, même en été. Dans la salle de la morgue, deux fenêtres directement opposées et toujours ouvertes, y entretiennent un courant continuel d'air froid, et les corps dressés le long des murailles s'y momifient lentement.

Mais ce n'est pas seulement par les extrêmes de la température du climat européen que la nature obtient la conservation des dépouilles mortelles de l'homme. C'est aussi, quelquefois, par une véritable réaction chimique. Les momies des caveaux de Saint-Michel, à Bordeaux, se trouvent dans ce cas. L'analyse que MM. Boucherie, Bermont, Gaubert et Preissac firent de quelques restes humains bien conservés et recueillis dans ce lieu, ne laisse point de doute à cet égard.

« Quelques morceaux de peau et de tissu musculaire placés dans l'acide hydrochlorique étendu d'eau et traités par l'ébullition, ont été dissous en totalité dans le liquide. Cette dissolution, traitée par le cyanure jaune de potassium, a fourni un précipité bleu très-abondant, et la présence du fer a été ainsi démontrée. Dès lors, nous avons pensé que la conservation de ces corps était due à la présence d'un composé de fer dans les terres où ils avaient été déposés. Mais le sang humain en renferme aussi; était-ce la portion de cet élément de nos tissus que l'expérience mettait à nu? Une suite d'expérimenta-

-tions comparées sur certains tissus des momies, d'une part, et sur les mêmes tissus desséchés au soleil, de sujets morts depuis peu de jours, nous ont prouvé jusqu'à l'évidence l'excès de fer dans les premiers. »

Comment ce fer avait-il été conduit dans les tissus du corps? La terre fraîchement remuée et le vide du cercueil attirent les liquides infiltrés dans les terrains voisins, et si ces liquides tenaient du fer en dissolution, le corps inhumé se sera trouvé en contact avec cette substance. Cela n'explique pas cependant comment le métal est parvenu dans la profondeur des organes. Il faudrait encore admettre qu'un mouvement endo-exosmotique s'établit alors entre les liquides des tissus et ceux qui se trouvent à la surface du corps. C'était une hypothèse admissible peut-être, mais ce n'était pourtant qu'une hypothèse, je ne pouvais pas m'en contenter. A la recherche des procédés que la nature emploie pour réaliser la conservation, afin de transporter ces moyens dans l'art des embaumements, il me fallait plus qu'une spéculation de l'esprit. Je résolus d'en appeler encore à l'expérimentation. Je voulus savoir si le corps humain, entouré d'une substance conservatrice, dissoute dans un milieu plus ou moins solide, offre avec lui des échanges de liquides. C'était poser la question des embaumements par les seules lois naturelles.　　11

Les travaux de Graham nous ont appris que les substances colloïdes ne sont pas dyalitiques, tandis que les dissolutions salines traversent les membranes animales avec plus ou moins de facilité. Je pris du bi-sulfite de soude, marquant 20° à l'aréomètre de Baumé, je le mêlai avec une dissolution concentr... de gélatine, et je remplis avec ce liquide un cercueil de plomb dans lequel j'avais couché le corps d'un enfant de cinq à six ans. Ce mélange devint bientôt opaque, d'un blanc opalin et se solidifia en un milieu compacte et résistant. Il est clair que le corps de cet enfant ne pouvait être conservé dans ce milieu que par un échange de liquides entre eux. Il fallait, ou que le sujet se décomposât, ou que le bi-sulfite le pénétrât naturellement par dyalise périphérique. Le cercueil resta ouvert à l'accès libre de l'air et l'expérience dura pendant treize mois. Dans cet intervalle de temps, le milieu resta toujours incorruptible, il était même devenu plus solide par l'évaporation d'une partie des liquides qui le composaient.

Au terme de l'expérience, je l'enlevai par masses compactes et je trouvai le corps de cet enfant dans un état de conservation parfaite. Je dirai même que je n'ai jamais été témoin d'aucun cas aussi remarquable, sous ce rapport, à cause de la coloration normale des téguments et du visage. L'abdomen était revenu complétement sur lui-même. Les cavités orbitaires étaient voilées par les paupières affaissées, les globes des yeux ayant perdu leurs liquides. Les membres étaient diminués de volume, fermes et compactes; leurs muscles, mis à nu, offraient leur plus belle coloration. La cavité abdominale ouverte semblait vide d'intestins. Ces organes étaient collés les uns sur les autres et sur la colonne vertébrale, comme des rubans minces, à demi-transparents. Le foie était réduit de volume, mais gardait toujours sa couleur naturelle. La poitrine résonnait à la percussion. A l'autopsie, on apercevait les poumons retirés sur les côtés du rachis et le péricarde était collé sur le cœur, parfaitement intact. Le crâne fut également ouvert et m'offrit un aspect inattendu. Il était plein d'eau et le cerveau un peu réduit, un peu moins consistant, mais avec sa forme et sa couleur ordinaire, semblait baigner dans un liquide transparent et d'une odeur nette d'acide sulfureux.

Cette belle conservation avait une grande importance. Elle prouvait surabondamment la possibilité de conserver le corps humain, par l'application à sa surface seulement d'un antiseptique soluble. Elle démontrait également que, dans cette circonstance, il se produit un échange de liquides entre le milieu ambiant et les profonleurs du corps, et réciproquement. En effet, dans le cas présent, cet échange avait eu lieu en faveur du crâne rempli d'eau. Dans le tronc et dans les membres, au contraire, il avait été fait au profit du milieu extérieur. Cette différence du mouvement endo-exosmotique peut s'expliquer par la différence de composition des parties et par la densité différente de leurs liquides respectifs. La nature colloïde du cerveau rend compte de la dyalise du dehors à l'intérieur du crâne, tandis que les liquides du tronc et des membres, moins denses que ceux du milieu gélatineux, ont marché du dedans au dehors du corps de l'enfant. Dans le sol en contact avec le corps humain, les liquides extérieurs, moins denses que les siens, pénètrent les tissus de la surface à l'intérieur, ainsi que le démontrent les faits recueillis dans la tour Saint-Michel de Bordeaux.

« Mais cette remarquable expérience soulevait encore une autre question. Comment les membres et le tronc de ce jeune sujet avaient-ils été conservés, puisque les liquides antiseptiques du milieu gélatineux n'y avaient pas pénétré? faut-il admettre que ces différentes parties avaient été préservées de la décomposition par la préservation de leurs surfaces seulement? Ce nouvel aspect de l'embaumement valait bien la peine d'être examiné.

Pour remplir les indications nouvelles que comportait ce problème, il fallait un milieu nouveau. Aucun des antiseptiques connus ne pouvait y suffire, soit à cause de leur trop grande solubilité, soit à cause de la difficulté de leur manipulation. Il était nécessaire de rechercher une poudre inoffensive, que les infiltrations du sol ne pourraient détruire. C'était exclure de sa composition les substances conservatrices de nos jours, tels que les sulfites alcalins, les chlorures de zinc ou de mercure. Il fallait demander ce milieu à la connaissance des phénomènes intimes de la putréfaction.

Dans ces dernières années, les travaux de M. Pasteur ont jeté de vives lumières sur l'étude rebutante des fermentations putrides. Mais l'utilité publique ennoblit tous les travaux et récompense des efforts accomplis pour la servir.

Il résulte de ses recherches que certains organismes vivants inférieurs jouent un grand rôle dans les putréfactions animales.

L'air atmosphérique contient les germes nombreux de mucédinées et d'infusoires monas, bactérium, termo, etc. Ces germes sont déposés sur les matières animales, y commencent leur évolution, laquelle a pour effet d'absorber l'oxygène de l'air, pour le fixer ensuite sur ces matières et leur faire subir ainsi les véritables phénomènes de la combustion. Ces êtres inférieurs sont, après la mort, l'image éloignée de ces autres organites qui viennent, pendant la vie des animaux supérieurs, absorber dans le sang l'oxygène des poumons pour retourner avec lui brûler, à divers degrés, tous les tissus de leurs corps. « Si les êtres microscopiques, dit M. Pasteur, disparaissaient de notre globe, la surface de la terre serait encombrée de matières organiques et de cadavres de tout genre, animaux et végétaux ; ce sont eux qui donnent à l'oxygène le moyen de les brûler, de les transformer, et préparent une vie nouvelle. »

Mais ces organismes oxydants ne sont pas les seuls qui travaillent aux mouvements polymorphiques de la matière morte. D'autres infusoires apportent à sa destruction les qualités spéciales des ferments. Ce sont les vibrions lineola, baccilus, etc., dont l'atmosphère dépose les germes sur les corps morts. Ces vibrions, qui vivent sans oxygène libre, que l'oxygène libre fait même périr, dégagent cependant cet élément des composés animaux, lesquels se trouvent ainsi dissociés et entrent alors dans des combinaisons nouvelles.

Mais les organiques microscopiques végétaux et animaux ne sont pas les seuls agents de la destruction de la dépouille mortelle de l'homme. Lorsqu'elle a été protégée contre eux efficacement, après sa dessiccation, il survient contre elle des ennemis d'un ordre plus élevé. Des insectes coléoptères, des mites viennent à leur tour pour l'atteindre. Sur une momie égyptienne, donnée par un éminent magistrat, j'ai constaté que les muscles étaient creusés, sur le trajet de leurs fibres, de galeries où se voyaient de nombreux coléoptères rougeâtres, morts à leur tour et momifiés aujourd'hui comme le sujet dont ils avaient vécu.

La conservation du corps humain a donc un triple objet : elle doit le soustraire à l'action des mucédinées ou moisissures végétales, à celle des animaux microscopiques, et enfin aux attaques des insectes d'une organisation plus élevée. Comment y parvenir? cela n'est pas absolument impossible peut-être, et cette recherche inaugurera, je l'espère, des méthodes d'embaumement rationnelles, en dehors des conservations empiriques des temps passés.

Il existe une catégorie de moyens antiseptiques très-efficaces et pourtant très-négligés; je veux parler des acides, et particulièrement des acides coagulants de l'albumine, tels que l'acide sulfurique, muriatique, chromique, etc. Ces acides sont éminemment conservateurs. J'ai fait connaître, il y a quelques années, combien il était facile de soustraire à la décomposition putride des masses de sang des abattoirs de Paris, en le traitant par l'acide sulfurique, par exemple. Ce sang, à l'air libre et désormais en monceaux compactes, s'égouttait insensiblement et n'offrait aucune trace de décomposition, malgré l'humidité dont il était imprégné. Pourquoi ces matières animales, hier si putrescibles, ne l'étaient-elles plus le lendemain, alors qu'elles conservaient leurs mêmes liquides? La coagulation de l'albumine par la chaleur ne rend pas cette substance incorruptible lorsqu'elle retient son eau de composition. Il y avait ici quelque cause inconnue de conservation. Cette cause est la destruction, par l'acide sulfurique, des infusoires et des vibrions, agents des fermentations animales. En effet, ces organismes microscopiques périssent dans un milieu fortement acide.

Nous avons donc un premier point de départ pour la composition du milieu dans lequel le corps de l'homme pourrait être conservé. Ce milieu devrait être acide.

Mais quel était l'acide qui pouvait être employé sans inconvénient! Il fallait un acide solide qui pût faire partie d'une poudre sèche, car le milieu conservateur ne pouvait être une saumure. Il était encore nécessaire que cet acide fût très-peu soluble, car après l'inhumation dans nos cimetières, les infiltrations des terrains voisins pourraient pénétrer dans le cercueil et dissoudre l'acide avant que le corps eût atteint un degré de conservation suffisante. Après un mûr examen, je pensai que l'acide borique pourrait peut-être remplir les conditions de mon problème. En effet, cet acide est solide, sous la forme de lamelles nacrées et d'un beau blanc. Il n'est soluble que dans la proportion d'une ou de deux parties pour cent parties d'eau. Il est enfin inaltérable à l'air et à l'humidité. J'ai gardé pendant plusieurs années cet acide dans un lieu très-humide, sans qu'il ait offert aucun changement appréciable.

Mais comment et par quoi une poudre acide pouvait-elle être dissoute dans le cercueil, car enfin fallait-il encore qu'elle le fût pour avoir une vertu conservatrice? *Corpora non agunt nisi soluta.*

Dans un mémoire sur l'assainissement des décès et des convois funèbres de la ville de Paris, j'ai appelé pour la première fois l'attention sur la grande quantité d'eau qui vient s'évaporer à la surface du corps humain après la mort. Cette vapeur d'eau est rendue manifeste par sa condensation au moyen des vapeurs de bi-chlorure d'étain (liqueur fumante de Libavius). En quelques heures et sous le drap qui le recouvre, le corps est couvert d'un givre abondant, formé d'hydrate de bi-chlorure d'étain. Ne pouvais-je pas croire que cette eau qui s'évapore naturellement à l'air libre serait retenue dans un milieu pulvérulent où l'évaporation ne pouvait avoir lieu dans nos latitudes froides? S'il devait en être ainsi, le corps humain serait lui-même l'agent de la dissolution de l'acide borique et de sa propre conservation.

Mais le choix de l'acide borique ne levait pas toutes les difficultés prévues. En effet, si les masses de sang dont j'ai parlé plus haut étaient placées par un acide hors de l'atteinte de la corruption, elles se moisissaient quand leur dessiccation restait incomplète. Comment défendre les restes mortels de l'homme des sourdes productions de mucédinées soit dans le sol, soit dans les caveaux toujours humides de nos sépultures ?

Nous avons assisté, dans ces dernières années, à la lutte de l'industrie agricole contre un de ces organismes végétaux, et nous connaissons maintenant l'action délétère du soufre sur l'oïdium, de l'ordre des mucédinées. Serait-il maintenant bien irrationnel de penser que cette substance entrerait avec avantage dans la composition du milieu conservateur dont je recherchais les éléments possibles? je ne le crus pas.

Enfin, les résines et les gommes résines étant généralement reconnues comme éloignant les insectes et les mites, je résolus de les faire entrer dans le mélange antiseptique et protecteur qu'il fallait expérimenter.

Je préparai une quantité convenable de ce baume nouveau avec parties égales de cristaux d'acide borique et de fleurs de soufre seulement. L'expérience de conservation ne devant pas atteindre cette fois une dessiccation complète, époque de l'apparition possible des coléoptères, les poudres de résine furent supprimées. Je disposai sur le fond d'un cercueil de bois une couche de cette poudre de 10 centimètres environ d'épaisseur. Au-dessus d'elle, je plaçai le corps d'un tout jeune enfant à nu et sans aucune préparation. Je l'entourai ensuite d'une nouvelle couche de baume, pressé légèrement, et j'abandonnai l'expérience à l'air libre pendant quatorze mois et dans un lieu très-humide.

Dans cet intervalle, le corps fut visité rapidement une première fois, et n'offrait aucune trace de décomposition. A la fin de l'expérience, il fut retiré de la poudre qui l'enveloppait. Au bassin et sur les cuisses, cette poudre était humide, sans cristaux, et la fleur de soufre mouillée y ressemblait à une couche de limon. A la tête et sur la poitrine, elle était, au contraire, déjà sèche et les parties du corps étaient momifiées. La cavité abdominale, revenue complétement sur elle-même, fut ouverte et offrit des organes réduit considérablement de volume, mais sans aucun signe de putréfaction. Il en était de même pour la poitrine et pour le crâne. Mais à l'encontre du crâne de l'enfant de la dernière expérience, celui-ci était presque vide. Le cerveau revenu sur lui-même, mais sans ramollissement, ne représentait plus qu'une masse presque sèche et jaunâtre. Mais là où la dessiccation n'avait pas pénétré, la substance cérébrale avait toujours sa couleur et sa consistance normale.

En résumé, le corps de cet enfant recouvert d'une couche plus ou moins humide de poudre antiseptique, n'offrait aucune trace de décomposition, et je n'espérais pas que la pratique répondrait à la théorie d'une manière aussi complète. La question était jugée. Le corps humain peut être conservé intégralement, par la conservation de sa surface seulement.

La formule de ce milieu nouveau doit contenir cinquante pour cent d'acide borique, vingt-cinq pour cent de fleurs de soufre, et vingt-cinq pour cent d'un mélange par parties égales de myrrhe, d'aloès et d'encens. Cette myrrhe artificielle dont les cercueils devront être remplis, assure l'intégrité des pieds et des mains contre l'incertitude de la méthode d'injection dans ces extrémités des membres. Disposée convenablement autour du corps embaumé, ainsi que je l'indiquerai bientôt, elle forme une enveloppe protectrice qui subsistera même après l'altération du cercueil et le défendra des injures extérieures. En effet, dans les caveaux humides de nos sépultures, les cercueils se trouvent déformés et détruits au bout d'un certain nombre d'années. Les bois s'imprègnent d'une humidité permanente et se corrompent lentement, les clous sont rongés par la rouille et les pièces qu'ils retenaient se disjoignent. Alors le cercueil de plomb, qui n'est plus soutenu au dehors, s'affaisse et s'effondre dans son intérieur, et le corps, recouvert de ces débris, reste exposé à l'humidité et même aux infiltrations des pluies qui peuvent survenir. Il était urgent de prévenir ces accidents et de constituer à l'avance autour des corps embaumés une enveloppe incorruptible et presque insoluble qui leur fût un abri certain.

Il semblerait, après les heureux résultats de ce milieu conservateur, que ces recherches devaient être parvenues à leur terme. Il existe pourtant quelques cas très-rares dans lesquels la myrrhe serait peut-être un obstacle aux exigences de certains embaumements. En général, les grands personnages des familles princières et des ordres militaires et religieux sont mis au cercueil dans leurs habits officiels et avec les insignes des dignités qu'ils occupèrent pendant la vie. Il me serait peut-être pas convenable, auprès de certaines familles, de faire disparaître sous des couches de myrrhe la pompe et l'éclat de ces inhumations. Il faudrait alors que le cercueil fût rempli d'un baume transparent qui n'altérât point le caractère de ces luxueux ensevelissements.

Doit-on désespérer de la composition d'un milieu translucide et antiseptique qui soit capable de remplir les indications de l'embaumement le plus riche? Non.

Dans ces dernières années, la science s'est enrichie d'une substance nouvelle éminemment conservatrice : l'acide phénique. Cet acide agit très-efficacement sous de petites proportions, circonstance qui permet de masquer son odeur désagréable, lorsqu'il est très-concentré.

Après des expériences nombreuses, intéressant l'anatomie normale et pathologique, j'adoptai pour la composition de ce nouveau milieu la formule suivante : cinquante-cinq pour cent de glycérine additionnée de cinquante grammes d'essence de Néroli et d'autant d'essence de canelle, cinq pour cent d'acide phénique et quarante pour cent d'une forte dissolution de gélatine décolorée. Ce baume, préparé toujours à l'avance, est enfermé dans des boîtes métalliques de quinze litres de capacité. Il y forme une substance transparente, compacte, presque solide à froid et liquéfiable à une température peu élevée. Diverses parties placées dans ce baume pendant près d'une année se sont conservées, même sans injection, avec leur forme, leur volume et leur aspect naturel.

Nous connaissons maintenant par expérience tout ce qu'on peut attendre de l'introduction des milieux conservateurs parmi les ressources actuelles de l'art que nous étudions. Sous la forme pulvérulente, comme sous la forme d'un baume hyalin, ils trouveront une heureuse application soit pour les conservations simples, soit pour les embaumements les plus élevés. Ils doivent être regardés désormais comme le complément indispensable de toutes les injections. On peut dire aujourd'hui que la conservation des dépouilles mortelles de l'homme, en Europe, peut être considérée désormais comme une opération aussi facile que sûre. Il est même impossible de se défendre d'une certaine surprise en pensant aux difficultés que les anciens chirurgiens on rencontrées pendant si longtemps pour obtenir des conservations incomplètes.

DERNIÈRE MÉTHODE.

Les recherches que je viens d'exposer furent entreprises pour remédier à l'incertitude de la conservation des extrémités des membres et d'autres parties isolées du corps par la méthode d'injection, quel que fût d'ailleurs le liquide injecté. Ces recherches ont conduit assez loin pour se passer de toute injection, s'il y avait lieu. Mais convient-il d'y renoncer? Non certainement. Dans beaucoup de circonstances, le mode opératoire de l'embaumement est commandé par le but que les familles se proposent. En effet, très-souvent l'exposition publique ou privée des corps embaumés doit avoir lieu soit dans des églises, soit dans des appartements transformés en chapelles ardentes, soit même dans les chambres mortuaires. Dans ces cas, l'ensevelissement du corps dans un milieu conservateur ne peut être appliqué, et l'injection, qui le laissera libre pendant la durée de l'exposition, est alors absolument indispensable.

Le point du corps où cette injection doit être pratiquée est toujours le haut de la cuisse, sur le trajet de l'artère crurale. J'ai exposé plus haut les raisons déterminantes de l'élection de ce vaisseau, je n'insisterai pas davantage sur ce sujet.

Quel est maintenant le liquide à injecter ? Cette question a perdu quelque peu de son intérêt depuis que l'incertitude de toute espèce d'injection sur les pieds et les mains oblige d'avoir recours, comme supplément, à des milieux anti-septiques capables d'assurer seuls la conservation intégrale du corps. Le choix du liquide ne doit donc plus être déterminé exclusivement par la supériorité de son action anti-putride, mais par son inflence sur l'aspect du corps et du visage. Nous savons, en effet, que les familles attachent un grand intérêt à cette question, et que l'em-baumement doit être d'abord une opération répa-ratrice des violences apparentes de la mort. Ce sentiment public doit être écouté, et l'art doit se plier à ses aspirations, dans la mesure, toutefois, des convenances que la mort inspire.

Parmi les liquides capables de préparer ce résultat, je mets au premier rang une dissolution de sulfite de soude à 20° de l'aréomètre de Baumé. Ce liquide n'a point d'action sur la couleur natu-relle du corps et doit être préféré au chlorure de zinc. Mais quel que soit le liquide choisi, il faut toujours qu'il soit coloré suivant chaque cas particulier. Cette coloration des liquides d'injection n'est pas aussi facile qu'on pourrait le croire au premier abord. Ces liquides exercent, en effet, une action plus ou moins marquée sur les substances colorantes qu'on veut leur adjoindre. Les uns changent leur ton, les autres les précipitent, quelques-uns les décolorent promptement. Les dissolutions de rouge d'aniline dans l'alcool, les dissolutions de carmin dans l'acétate d'ammoniaque sont les teir   s qui trouveront le mieux leur emploi dans la coloration, soit du sulfite de soude, soit du chlorure de zinc, destinés à l'embaumement. Chaque opérateur pourra d'ailleurs faire tel ou tel choix plus ou moins avantageux, suivant ses connaissances et son tact particulier dans chaque opération.

Pour pratiquer ces injections artérielles, il faut un certain nombre d'instruments dont l'ensemble doit constituer la trousse de tout opérateur. Cette trousse se compose de deux boîtes renfermant, l'une les liquides et l'autre les seringues.

Le nécessaire des liquides doit contenir, dans des cases bien rembourrées : 1° un flacon en verre blanc, bouché à l'émeri, avec six litres d'une dissolution de sulfite de soude à 20° ; 2° un flacon à l'émeri, d'un demi-litre, contenant des liquides colorants; 3° trois flacons, à l'émeri, d'un demi-litre chacun, et renfermant des alcoolats de néroli, de lavande et de gérofle; 4° deux fioles communes, de soixante grammes chacune, bouchées au liége et destinées à prendre des échantillons de liquide; 5° enfin une aiguière en vermeil pour y verser le sulfite de soude avant son injection.

La boîte des instruments contient : 1° une seringue de huit décilitres et pouvant être manœuvrée facilement à la main et sans poignées. Cette seringue s'ajuste à frottement sur un embout à robinet, lequel s'ajuste, à son tour, sur trois canules un peu courbes et de trois calibres décroissants, le plus fort étant environ du calibre de l'artère crurale. La seringue, l'embout et les trois canules sont en argent ou en cuivre, et sont destinés à l'embaumement des adultes; 2° une seconde seringue de cinq décilitres, avec son embout et ses trois canules, d'un calibre décroissant, inférieur de moitié au précédent. Ce petit appareil est employé pour les jeunes sujets; 3° un bistouri droit, un porte-ligature, une pince, un ciseau, une sonde cannelée en argent, un paquet de ligatures en cordonnet de soie, mince et ciré, trois aiguilles à suture, et enfin des coques en cire blanche pour recouvrir les globes oculaires et soutenir les paupières abaissées.

Lorsqu'il y aura lieu de pratiquer un embaumement, le chirurgien commis pour cette opération, devra d'abord s'assurer le concours d'un aide exercé et même de deux aides, si l'embaumement doit être suivi de l'exposition du corps dans ses habits. Il devra aussi prendre certaines précautions et faire quelques démarches préliminaires à son opération.

Dans l'état actuel de la législation et des ordonnances de police, nul ne peut être embaumé avant l'expiration de vingt-quatre heures, à courir de la déclaration de décès faite à l'autorité municipale. Cette disposition est très-regrettable. Il s'en suit, en effet, que certains corps ne peuvent être embaumés qu'après deux jours et même, deux jours et demi de mort. Une personne qui succombe le samedi où la veille d'un jour férié, par exemple, après cinq heures du soir, ne peut être déclarée morte ce jour-là, les bureaux de mairies étant fermés à cinq heures. Le décès ne pourra pas être déclaré davantage le lendemain, les bureaux restant fermés les dimanches et fêtes. Cette déclaration ne pourra être reçue que le surlendemain, à 10 heures, les bureaux n'ouvrant pas avant neuf heures du matin. Le délai légal pour l'embaumement n'expirera donc encore que le lendemain, à la même heure, et l'opération ne pourra être pratiquée que soixante ou soixante-dix heures après la mort.

Qui ne voit combien ces retards laissent à la décomposition le temps de faire des progrès redoutables pour l'embaumement et même pour la salubrité publique? L'art peut bien réparer les outrages visibles de la mort, mais il ne saurait effacer entièrement les empreintes d'une destruction trop profonde. Il importe donc, avant tout, de les modérer autant que le permettent des moyens trop restreints par la loi.

Dans ce but, l'aide du chirurgien, muni d'un flacon de six cents grammes de chlorure de zinc, à 45° de Beaumé et additionné de trente grammes d'alcoolat de gérofle, se rendra près du défunt, sans retard. Après avoir découvert l'abdomen, avec décence, il le lavera avec une serviette, imprégnée de sel de zinc, et, si c'est un homme, il lavera également les parties sexuelles et enfin recouvrira le bassin avec cette serviette arrosée de ce chlorure aromatisé, en replaçant ensuite les couvertures dans l'état où elles se trouvaient à son arrivée.

Cette ablution locale chlorurée n'est point une garantie absolue contre toute décomposition, mais elle en retarde la marche dans l'abdomen, et ce retard est important, car la décomposition abdominale est la plus redoutable à cause de la pression exercée par ses gaz, sur les liquides de l'estomac et des grosses veines, liquides qui se trouvent alors refoulés vers la face où ils altèrent profondément tous les traits.

Lorsque l'heure de l'embaumement sera venue, le chirurgien visitera ses boîtes pour s'assurer de la présence, en bon ordre, de tout ce qui lui sera nécessaire, et son aide les placera dans une voiture convenable. Alors on se rendra à la mairie de l'arrondissement sur lequel le décès a eu lieu, pour retirer, au bureau des funérailles, un bulletin pour l'embaumement et on le portera au commissaire de police du quartier où l'opération doit avoir lieu, en l'invitant à venir y assister. Enfin, on se rendra près du défunt.

A son arrivée, l'aide montera les boîtes dans l'appartement mortuaire et demandera au personnel de service, une douzaine de serviettes, deux bougies courtes et un guéridon. Après l'avoir recouvert de linge blanc, il y disposera les instruments et les liquides, avec ordre et sous la main de l'opérateur. Il versera dans l'aiguière le sulfite de soude et le colorera convenablement, sous les yeux du chirurgien, après que celui-ci se sera enquis discrètement de la maladie, du tempérament et du teint naturel de la personne défunte.

Alors, il découvrira le membre inférieur correspondant au bord du lit et refoulant la chemise pour en couvrir les parties sexuelles, il mettra la région de l'aine en liberté. Après avoir reconnu le trajet du muscle couturier, il pratiquera, au-dessus de son bord supérieur et au milieu de la largeur du membre, une incision longitudinale de douze à quinze centimètres environ, intéressant la peau, le feuillet correspondant de l'aponévrose *fascia superficialis* et agrandira son incision en profondeur avec les doigts. Alors, l'aide allumant une bougie, écartera une des lèvres de l'incision avec la sonde cannelée, et le chirurgien, avec les pinces, dégagera l'artère crurale de ses adhérences, laissant la veine de même nom en dedans et le nerf crural beaucoup plus en dehors. Quand cette artère sera bien libre, on placera la sonde cannelée au-dessous d'elle, en arc-boutant ses extrémités sur les deux bords de l'incision. Alors le chirurgien, avec le bistouri, fera une incision longitudinale sur la paroi antérieure de l'artère et glissera dans son intérieur, deux canules dirigées, une vers l'abdomen, l'autre vers le genou, et les fixera sur l'artère toutes les deux, avec des ligatures serrées, en s'assurant ensuite de leur solidité. Enfin l'embout sera placé sur la canule abdominale.

Alors l'aide prenant la seringue choisie pour l'injection, la remplira, par aspiration, de la dissolution contenue dans l'aiguière et la présentera au chirurgien qui l'ajustera sur l'embout, tournera son robinet et poussera le liquide vers le cœur. Cinq seringues seront injectées de cette manière, coup sur coup et assez vivement, les deux dernières avec un intervalle d'une demi-heure entre elles et plus modérément. Ensuite, le chirurgien jettera une ligature serrée sur l'artère au-dessus de la canule qui vient de servir et la retirera du vaisseau. L'embout sera placé sur la canule restée en place et le liquide restant sera poussé dans l'extrémité du membre. Deux points de suture rapprocheront ensuite les lèvres de l'incision.

Dans les dernières années, on a substitué, dit-on, un irrigateur aux seringues d'injection. Cette nouveauté ne me paraît pas heureuse. Je regarde, en effet, la main intelligente du chirurgien, comme bien supérieure à la force aveugle d'un mécanisme, sans graduation avec la résistance à vaincre.

Lorsque l'injection est terminée, l'embaumement ne l'est pas encore, ainsi qu'on le pense trop généralement. En effet, le corps doit être offert aux yeux des familles, et souvent aux yeux du public, avec le moins de désavantage possible. Pour cela, le chirurgien devra faire procéder à des soins de toilette et d'ordre particuliers très-appréciés, et dont son opération bénéficiera sans qu'on en ait la conscience. Les détails dont cette toilette se compose, seront exécutés de préférence

par le personnel attaché au service du défunt, ou
par les aides, mais toujours sous la direction et
le controle du chirurgien.

On lavera d'abord le visage et le défunt sera
rasé, s'il y a lieu. On lui passera du linge blanc
et les habits désignés par la famille. Ensuite, le
corps étant placé dans un fauteuil, on renouvel-
lera le linge du lit sur lequel le défunt sera déposé, la tête haute. Alors les cheveux seront légèrement imbibés d'alcoolats d'essences, peignés
avec soin et disposés suivant sa coutume pendant la vie. Ensuite on glissera sous les paupières,
deux coques de cire blanche et les yeux seront
fermés. Enfin on s'occupera de l'appartement mortuaire. Il sera nettoyé, rangé avec ordre et aspergé
modérément d'alcoolats aromatiques. On fera disparaître les fioles et les boîtes de médicaments
et, en général, tout ce qui rappellerait les scènes
cruelles des derniers jours. Les rideaux des fenêtres et du lit seront disposés pour qu'une douce
lumière éclaire tous les objets, et on allumera
autour du guéridon portant des objets religieux,
les cierges funéraires. Lorsque l'exposition doit
être publique, après les soins corporels dont il a
été parlé ci-dessus, on revêt le défunt de ses
habits officiels, militaires ou religieux, avec les
insignes de ses charges et les distinctions dont il
fut honoré pendant sa vie. Enfin le corps sera

déposé sur l'estrade de la chapelle ardente où il doit rester exposé.

Alors les aides enlèvent les boîtes et se retirent. Le chirurgien s'informe auprès de la famille du jour des funérailles, prescrit un cercueil plus grand que ne comporte le volume du corps pour la veille de l'inhumation et prend congé des parents.

Lorsque l'heure des funérailles est arrivée, le chirurgien et son aide, muni de boîtes à myrrhe, se rendent au domicile mortuaire. Ces boîtes, qui doivent toujours faire partie de l'appareil instrumental de l'embaumement, sont au nombre de trois, en ébène, d'un seul compartiment à l'intérieur, et renfermant chacune cinquante litres de myrrhe. Elles contiennent donc un hectolitre et demi de ce baume, quantité souvent nécessaire pour remplir le cercueil d'un adulte. Le nombre des boîtes à emporter sera d'ailleurs déterminé par l'âge et par le volume du corps embaumé.

En ce moment, l'aide place dans le cercueil un drap de toile forte. rendu imperméable et incorruptible par son immersion dans un bain chaud d'un mélange de cire blanche et de résine de Bourgogne, par parties égales, et répand sur son fond une couche de myrrhe de cinq à six centimètres d'épaisseur. Alors les porteurs placent dans le cercueil un linceuil fourni par la famille et en batiste ou en toile, y déposent le corps et l'ensevelissent, comme à l'ordinaire dans ce drap fin. Le cercueil est alors rempli de myrrhe et le drap incorruptible est replié sur elle, avec soin, et fixé d'un côté à l'autre avec des agrafes, en forme d'hameçon droit et en fil de fer galvanisé, hors des morsures de la rouille.

Entre ces deux suaires, la myrrhe constitue un milieu antiseptique, retenu par le drap imperméable et mis ainsi à l'abri de l'humidité et des accidents qui surviennent après la décomposition des cercueils. Le corps embaumé se trouvera donc protégé par une enveloppe générale, et inaltérable.

Dans les embaumements très-recherchés, lorsque les familles désirent que le luxe et la richesse de l'inhumation ne soient pas ensevelis sous le linceul intérieur, la myrrhe est remplacée par le baume transparent dont il a été question plus haut. Dans la soirée du dernier jour de l'exposition, par conséquent la veille des funérailles, le chirurgien, suivi de ses aides, se transportera près du défunt. Il sera muni des boîtes métalliques contenant la quantité de baume nécessaire pour remplir le cercueil, et enfin d'une boîte en ébène renfermant un flacon d'alcool de dix litres, une forte lampe à esprit de vin et un trépied de chimie. Alors l'aide placera dans le cercueil le drap imperméable déjà connu et les porteurs y déposeront le corps, avec toutes les marques de ses dignités. Ensuite l'aide chauffe successivement à la lampe les boîtes de baume et, lorsque cette substance est liquéfiée, le chirurgien la verse dans le cercueil, du côté des pieds, jusqu'à ce que son niveau atteigne à quelques centimètres du bord. Le chirurgien et ses aides se retireront alors définitivement. Pendant la nuit, le baume se refroidit, reprend sa solidité, et le lendemain matin, avant les funérailles, le drap incorruptible est ramené sur lui, fixé par ses agrafes, et le cercueil est fermé, comme d'usage, par les employés des pompes funèbres.

J'ai appelé plus haut l'attention sur les cercueils actuels, toujours si périssables dans les caveaux funéraires de nos cimetières. J'ai toujours été surpris que l'administration chargée des funérailles de la ville de Paris, n'ait jamais eu la pensée de mettre à la disposition des familles, des cercueils incorruptibles pour l'embaumement, car ceux de plomb s'effondrent et se déchirent quand ceux de bois se sont corrompus. Les matériaux pour leur confection ne lui manqueraient pas. Sans parler des cercueils en calcaire dont les anciens nous offrent toujours des modèles, il serait, au moins, très-facile de faire choix d'un bois plus résistant que le chêne, celui du sycomore par exemple, ou même des bois usuels rendus inaltérables par les procédés du docteur Boucherie. Les milieux conservateurs disposés comme nous venons de l'indiquer, remédient à cette insuffisance actuelle des cercueils, mais en pareil cas, le superflu ne nuit pas.

En résumé, sans parler encore des précautions antiseptiques et des soins délicats que l'embaumement exige, cette opération doit consister aujourd'hui, d'abord, dans l'injection, par l'artère crurale, de sulfite de soude ou même de chlorure de zinc colorés, et, ensuite, dans l'emploi de la myrrhe ou du milieu phéniqué pour envelopper le corps dans le cercueil.

DE L'EMBAUMEMENT

SANS AUCUNE OPÉRATION.

L'embaumement tel que nous venons de l'exposer, répond aux exigences de certaines positions sociales et à l'affection des familles pour leurs morts. Cependant il est encore un grand nombre d'entre elles qui imposent silence à leurs sentiments, soit à cause des opérations que l'embaumement entraîne, soit à cause de l'abandon qu'il exige des dépouilles qu'elles vénèrent, aux mains d'un étranger. Ces familles, livrées à la douleur solitaire de leur intérieur, ne veulent pas en être distraites et se réfugient dans la prière et dans un recueillement désolé. En serait-il ainsi, dans le cas où il serait possible d'éviter tout ce qui les blesse? Si toute action chirurgicale, si toute manœuvre était éloignée, ne voudraient-elles pas également sauver leurs proches aimés de la dissolution qui va les saisir? Je le crois fermement.

Mais, diront quelques esprits forts, et encore

heureux, c'est la loi. La vie naît de la mort. Soit, mais l'homme ne vit et ne progresse que par sa lutte contre les lois de ce fatum inconscient et brutal qui mène la matière. Pourquoi ne protégerait-il pas contre ses outrages, les nobles dépouilles qui portèrent cette spiritualité qu'il ne connut jamais et qui le fit plier bien souvent? Et ne pouvait-il y avoir un mode moins animal pour ses destructions? Et ne pouvait-il attendre que ceux qui nous aimèrent fussent disparus, à leur tour, pour nous livrer à la mort véritable qui ne commence qu'à l'oubli? Qu'importait au cycle des transformations matérielles, un attermoiement pour la rentrée de notre poussière, dans les courants incommensurables de l'univers? L'esprit se trouble à la pensée de l'immonde anéantissement qui s'accomplit à l'écart, dans l'isolement de la tombe. La dignité de l'homme valait un ordre plus digne.

Mais l'homme peut y pourvoir.

Il peut même y pourvoir par des moyens d'une telle simplicité, que les sentiments les plus délicats ne sauraient en être blessés.

Lorsque l'heure des funérailles est arrivée, on répandra sur le fond du cercueil une couche de myrrhe de cinq à six centimètres d'épaisseur et lorsque le corps aura été enseveli, comme à l'ordinaire, on remplira le cercueil de myrrhe. Tout le monde est apte à exécuter un pareil soin. Tout membre, ou tout médecin de la famille peut y suffire.

— Cette myrrhe pour la conservation est le milieu d'acide borique, de fleurs de soufre et de résine que nous connaissons déjà, et dont l'expérience sur le corps d'un enfant, dans nos recherches nouvelles, a démontré toute la valeur. J'en ai donné plus haut la formule ainsi que le mode d'action.

Dans ce milieu antiseptique, le corps humain ne se momifie pas, comme on pourrait le croire. Il y perd très-difficilement ses liquides. L'humidité naturelle des caveaux funéraires dans nos climats du nord, s'oppose toujours à la dessiccation complète des corps embaumés, ils y gardent toujours un aspect naturel. Dans les expériences de l'Académie de médecine, après quatorze mois d'inhumation, les corps furent trouvés comme s'ils venaient d'être mis dans le cercueil. Les momies ne se voient pas en Europe. Celles qu'on rencontre dans la tour St-Michel de Bordeaux et aux Jacobins de Toulouse, sont, au dernier moment, l'œuvre de l'homme qui les fit dessécher à l'air libre. La momie naturelle ne se trouve que dans les sables africains.

— Les dépouilles de l'homme peuvent donc être défendues dignement contre l'odieuse corruption qu'une nature animale leur fait subir aujourd'hui. Leurs transformations matérielles auront alors le caractère des mouvements d'une lenteur séculaire, indéterminée. L'homme n'en demande pas davantage. Son horizon ne contient l'infini, ni dans le temps, ni dans l'espace. Autour de lui, tout cesse, tout devient. Ses restes mortels auront sans doute le destin commun, et la nature reprendra son œuvre par quelque route inconnue. Soit, mais aujourd'hui que la nature attende, et trouve enfin une marche moins violente et plus discrète.

DES CONSERVATIONS D'ANATOMIE NORMALE

ET PATHOLOGIQUE.

Depuis la renaissance des lettres et des sciences en Europe, les études d'anatomie ont été cultivées avec ardeur. De grands noms se sont élevés par cet ordre de travaux. Vésale, Malpighi, Bichat, Gall, et bien d'autres encore, ont été les ouvriers illustres des sciences anatomiques. Parmi les écoles qui se sont distinguées dans cette direction, l'Ecole de Médecine de Paris doit occuper un des premiers rangs. Anatomie descriptive, anatomie des régions, anatomie de texture, anatomie pathologique, ont été tour à tour explorées dans toutes leurs voies, et cette science a servi de base à ses doctrines médicales ainsi qu'aux brillantes tentatives de ses chirurgiens. Enfin, deux musées, créations de deux hommes éminents, Dupuytren et Orfila, réunissent tous les jours davantage les pièces d'anatomie les plus dignes d'attention.

Cependant, il faut l'avouer, ces musées ne répondent pas à toutes les espérances de leurs fondateurs. Pour augmenter leurs richesses, il ne manque jamais ni science ni zèle. Ce qui fait défaut, ce sont de bonnes méthodes de conservation. Malgré les recherches de Duméril, de Breschet, de Bogros, de Lobstein, l'art des préparations anatomiques est resté presque stationnaire et réduit pour toute ressource au bain d'alcool ou bien à la dessiccation. Les pièces d'anatomie pathologique, toujours immergées dans l'esprit-de-vin, offrent toujours l'aspect terne et grisâtre que nous leur connaissons. Quant aux pièces d'anatomie normale, elles sont encore plus défectueuses. En dehors des réseaux lymphatiques étalés sur la peau de quelques régions, toutes les pièces des parties molles du corps ne sont que des représentations infidèles de la nature. Le volume, la forme, la couleur, les relations, tout a été compromis par la dessiccation. Des trésors de patience, de dextérité, de savoir ont été dépensés dans certaines pièces de névrologie, et nous n'avons pourtant sous les yeux que des filaments plus ou moins authentiques, supportés par des charpentes osseuses, au lieu de nerfs suivis dans ces organes mous dans lesquels ils apportaient le mouvement et la vie. Que dire des pièces d'artères, arborisations plus ou moins heureuses, mais décharnées? Que dire des injections veineuses réduites à quelques troncs, sans rapports organiques et le plus souvent sans réseaux d'origine? Les organes plastiques où s'exécutaient les fonctions les plus élevées, brillent, dans ces musées, par leur absence, ou se trouvent représentés par des exemplaires raccornis, informes et brunâtres. Les préparations anatomiques par les procédés connus seraient de nature à égarer l'esprit de ceux qui les étudient, s'il était vrai qu'on les étudiât. Mais elles sont inoffensives, car leurs vitrines sont désertes et n'obtiennent le plus souvent qu'un regard furtif du passant. Aussi l'art imitatif s'efforce-t-il de les supplanter tous les jours davantage. Les pièces en cire, en cuir repoussé, en plâtre, etc., etc., les planches gravées ou illustrées se multiplient pour reproduire les reliefs, les relations, le coloris qui leur manquent et prennent, dans les études, une place qui ne devrait appartenir qu'à la nature elle-même.

Je n'entrerai pas ici dans l'exposition fastidieuse des recherches qui ont été faites successivement pour élever le niveau de l'art de l'anatomiste. Les efforts accomplis dans ce but n'ont pas été fructueux. Le résumé précédent, résumé sincère de leurs résultats, en est la preuve trop évidente.

Vers l'année 1842, Orfila, doyen de la Faculté

de médecine de Paris, conçut le projet de transformer son musée, de le consacrer particulièrement à l'anatomie et de le mettre en état de rivaliser avec les collections des premières capitales de l'Europe. Dès ce moment, il s'entoura d'une pléiade de travailleurs et fit appel au généreux concours des anatomistes de tous les pays. Mes recherches sur la conservation du corps humain me rappelèrent à son attention, et je fus chargé de préparer des pièces pour le musée qui devait s'ouvrir en 1845.

Cette mission me survint alors que j'étais sans études spéciales, sans direction et sans méthode fixe. Après une instruction convenable du problème dans les collections existantes, je compris bientôt que la dessiccation était la cause unique de l'imperfection des pièces sorties des mains même les plus habiles. Je vis, en même temps, que la perte du volume des organes était l'effet le plus fâcheux de cette dessiccation, car elle détruit leur forme et leurs relations, tandis que la perte de leur couleur spécifique peut être combattue par une peinture artificielle. Je résolus alors de m'attacher surtout à maintenir le volume naturel des parties dans les préparations qui me seraient confiées.

Mais comment y réussir?

Je ne rapporterai pas les tâtonnements que

cette question m'imposa. Ce serait long, et plus ennuyeux encore que long. J'indiquerai seulement de quelle manière furent obtenus des résultats accueillis alors avec une grande faveur et conservés depuis plus de vingt-cinq ans dans les vitrines du musée Orfila.

Pour les organes parenchymateux, tels que le foie, les reins, la rate, le pancréas, etc., je liais d'abord avec soin toutes les veines de la pièce et je pratiquais ensuite, ou par la veine porte ou par les artères, une injection expansive avec du sang défibriné. Lorsque le volume de l'organe avait été porté aussi loin que possible, je liais tous les vaisseaux et je plongeais immédiatement la pièce dans une dissolution de chlorure de zinc marquant 40° à l'aréomètre de Baumé. Pendant cette immersion, le sang injecté se trouvait coagulé peu à peu dans l'épaisseur de l'organe. Mais ce qui rendait l'action du réactif plus précieuse, c'est qu'en même temps, la glande revenait insensiblement sur elle-même sans se ratatiner et sans rides à la surface. Elle durcissait également, et après quelques jours d'immersion, quinze ou vingt pour les plus volumineuses, elle pouvait être abandonnée à l'air libre, et la dessiccation s'y terminait sans aucune déformation. La pièce sèche était alors plongée quelques instants dans une abondante quantité d'eau pour enlever rapidement le chlorure de zinc en excès. Sans cette précaution, ce sel déliquescent aurait attiré l'humidité de l'air et transformé peu à peu les parties fibreuses en une sorte de gelée rétractile.

Les préparations de muscles si intéressantes par l'importance du système musculaire dans la composition du corps humain et par la valeur des indications chirurgicales qu'elles fournissent, devinrent l'objet d'une attention particulière. A ce moment de mes recherches, je pensais qu'il était impossible de conserver leur volume par injection, soit à cause de l'absence sur les muscles d'une membrane d'enveloppe s'opposant à la fuite du liquide injecté, soit parce que l'injection, accompagnée de la ligature des veines, produisait une infiltration générale des tissus, plutôt que la turgescence isolée des muscles. Il fallut donc avoir recours à un procédé mécanique pour maintenir le volume des préparations sèches de la myologie.

J'injectais d'abord le membre avec une dissolution de chlorure de zinc à 25 ou 30° pour rendre les muscles incorruptibles. La pièce à préparer était ensuite disséquée avec soin, et enfin bourrée légèrement avec de la laine courte, aspergée d'essence de térébenthine pour en éloigner les insectes. Elle était alors tendue sur un support et dans la position voulue jusqu'à sa complète dessiccation. La tension des muscles maintenait la forme normale jusqu'à la dessiccation, après laquelle cette forme ne pouvait plus être perdue. En ce moment, les préparations étaient uniformément brunâtres; mais une peinture habile, guidée par un exemplaire frais de la pièce sèche, reproduisait d'après nature la coloration spécifique des divers tissus.

Des pièces myologiques, des foies, etc., préparés par cette méthode, méritèrent, en 1847, d'être signalées à l'attention des élèves, dans le discours d'ouverture du professeur Bérard aîné, et quelques jours après, la Faculté de médecine, réunie en séance générale, me nommait unanimement préparateur d'anatomie des musées de l'Ecole. Ce haut témoignage d'approbation encouragea mes efforts, et les recherches sur la conservation des pièces anatomiques furent poursuivies, sans relâche, dans le cabinet qui me fut réservé dans l'école pratique de la Faculté.

Exposons avec ordre les résultats obtenus :

Ostéologie. — La préparation des pièces du squelette de l'homme se pratique encore aujourd'hui par des procédés très-primitifs. Les os sont livrés à la macération dans l'eau jusqu'à ce que la graisse qu'ils contiennent, plus légère que ce liquide, abandonne les cellules osseuses et les canaux médullaires pour venir surnager à sa surface. Pendant ce temps, l'eau de macération est renouvelée souvent, mais elle dissout les matières animales transsudées par les os, se putréfie rapidement et rend le procédé malsain. Cette méthode, toujours très-longue, est encore assez souvent insuffisante, et lorsque les pièces sont devenues sèches, elles jaunissent et contractent une odeur désagréable. Dans d'autres circonstances, on enlève la graisse des os par une ébullition prolongée dans l'eau. Mais cette pratique, plus expéditive et sans émanation, est moins sûre que la macération prolongée.

Je n'ai jamais préparé l'ostéologie de l'homme, mais je me proposais, le moment venu, d'abandonner ces procédés barbares ou défectueux pour employer la marche rapide, salubre et certaine de l'industrie moderne. En effet, il existe aujourd'hui des établissements importants qui retirent, en quelques heures, la graisse des os des grands animaux par leur traitement à la vapeur, sous la pression de plusieurs atmosphères. Un petit générateur envoyant sa vapeur surchauffée dans un autoclave renfermant les os frais, suffirait amplement aux besoins de plusieurs facultés et des établissements d'instruction publique dont le programme des cours comporte quelque teinture de l'anatomie de l'homme.

Les os privés de leur graisse sont blanchis aujourd'hui, le plus souvent, par leur exposition à l'air libre, au soleil et à la rosée, et l'ozone atmosphérique avec lequel ils se trouvent ainsi en contact, détruit à la longue les matières animales qui les coloraient. Ce traitement est long, en même temps qu'il blesse les convenances générales. Il est malséant de voir les restes de l'homme abandonnés à toutes les intempéries naturelles, le plus souvent dans un but de commerce privé. Cette déalbation des os doit être pratiquée dans le laboratoire, par leur immersion momentanée dans un bain étendu d'acide sulfureux et par leur dessiccation, répétée aussi souvent que cela sera nécessaire. On obtiendra ainsi de os très-légers et très-blancs, qu'on peut vernir avec une dissolution de gomme de choix, pour les mettre à l'abri de la pénétration des poussières de l'air.

Articulations. Les pièces osseuses et les parties fibreuses qui composent les articulations de nos musées d'anatomie sont desséchées et par conséquent plus ou moins brunâtres, plus ou moins déformées, et s'éloignent toujours de l'aspect des articulations fraîches.

Pour obtenir de belles préparations articulaires, il faut procéder ainsi qu'il suit : Les parties disséquées avec attention seront immergées pendant deux ou trois jours dans de l'eau claire, renouvelée plusieurs fois, afin de les priver du sang qu'elles contiennent. Ce sang restant dans les pièces et desséché dans leurs tissus blancs, y formerait des points bruns très-difficiles à décolorer.

Après ce dégorgement, les aréoles osseuses des canaux médullaires sont brisées avec des tiges de fer appropriées à cet effet, et la moelle est extraite par la percussion répétée de l'extrémité libre des os contre quelque corps résistant. Alors les capsules articulaires sont distendues par une injection de cire blanche; les ligaments sont nettement circonscrits, la pièce est tendue sur un support et desséchée. On la plonge ensuite pendant deux ou trois jours dans une dissolution assez forte d'acide sulfureux, contenu dans de grands pots à beurre en terre et fermés d'un couvercle en bois. Dans ce liquide, la graisse des os achève de se dégager peu à peu, et les parties fibreuses et cartilagineuses reprennent leur humidité ainsi que leur couleur primitive. Au bout de trois jours, on retire la pièce, sans la démonter, et on la fait sécher de nouveau pour la replonger dans le bain, la faire sécher encore et répéter ces opérations jusqu'à ce que toutes les parties restent absolument blanches après leur dessiccation. Si l'articulation porte quelque tendon avec elle, il ne faut point prolonger le bain au delà du temps indiqué, car les extrémités des tendons s'y gonflent beaucoup, s'y désorganisent et ne reprennent plus leur volume, malgré leur dessiccation.

Lorsque l'articulation est blanchie, on lui donne une couche de vernis opalin, préparé avec du vernis de tableau dans lequel on a suspendu des traces de blanc d'argent et de bleu en tubes. Ce vernis opalin donne de la transparence et un aspect naturel aux parties fibreuses déjà blanches et lorsqu'il est sec, on anime la pièce par quelques points de couleur sanguine.

Myologie. — Dans l'état actuel des musées, on peut dire que cette partie de l'anatomie, la plus considérable cependant entre ses divisons, n'y est point encore représentée. Les très-rares pièces de cet ordre qu'on y voit, n'offrent que des muscles brunâtres, raccornis, ayant perdu leurs formes et leurs rapports respectifs. Aucune branche de l'anatomie ne demandait un changement plus radical de préparation. La dessiccation, seule méthode employée dans ce cas, est absolument défectueuse.

Dans le cours de mes investigations, je remarquai enfin que les muscles peuvent être considérablement augmentés de volume par une injection artérielle, à la condition de laisser les veines libres et de permettre le retour de l'injection par cet ordre de vaisseaux. Ce fait important ouvrait une voie nouvelle pour les préparations de la myologie. En effet, s'il est possible de donner à des muscles ordinaires le relief des muscles d'un hercule, par une injection, il n'était peut-être pas impossible de trouver telle injection plastique qui maintiendrait leur volume, après la dessiccation, dans les proportions habituelles des formes humaines.

Mais quelle devait être cette injection?

Après de nombreux essais, je me décidai pour une forte dissolution d'albumine, mêlée d'un quart de dissolution d'acide arsénique, marquant 15° à l'aréomètre de Baumé. Au premier abord, ce mélange est liquide et doit être injecté sans retard, car l'acide réagit peu à peu sur l'albumine et la transforme en une gelée compacte et complétement incorruptible. J'obtenais donc à la fois, par cette injection, le développement plastique des muscles et la conservation antiseptique de toute la pièce. Les matières dont elle se compose se trouvent aujourd'hui facilement dans le commerce. L'albumine sèche, produit de l'industrie moderne pour les impressions sur étoffes, est le résultat de l'évaporation, sous une basse température, du sérum du sang des animaux de boucherie. On peut même trouver de l'albumine liquide, avant sa dessiccation complète, ce qui éviterait de préparer l'injection, car l'albumine sèche est difficile à dissoudre intégralement. Quant à l'acide arsénique, depuis qu'il a été employé à la préparation des couleurs provenant de la distillation de la houille, on peut se le procurer en quantité et commodément.

Pour faire ces injections d'une manière convenable, il faut les pratiquer loin de la région à préparer et sur l'artère qui fournit à la circulation de ses muscles. Ainsi pour l'épaule, on injectera l'artère sous-clavière, par exemple.

Après ces injections albumineuses et arséniatées, les pièces musculaires sont laissées en repos pendant quarante-huit heures, afin de donner à la gelée plastique le temps de se former dans l'épaisseur des muscles. On la trouve alors entre les faisceaux de fibres, entre les fibres elles-mêmes, en couches plus ou moins minces. Au premier aspect, il semble qu'elle y a été épanchée par rupture des petits vaisseaux. Cependant la régularité de sa distribution éloigne peut-être cette supposition, et des faits d'un autre ordre me portent à croire qu'il y a là quelque point encore inconnu de la circulation spéciale des muscles.

Les pièces sont ensuite disséquées avec soin et débarrassées de toute la graisse accessible au bistouri. On pratique ensuite sur le corps des os

longs, une petite ouverture par laquelle on pousse
dans leur canal médullaire une dissolution très-
chaude de stéarine. Cette précaution a pour effet
d'élever le point de fusion de la moelle des os.
En effet, la graisse humaine, fusible à la température de notre climat, après la dessiccation, in-
filtre les tissus, et les parties fibreuses qu'elle a
ainsi pénétrées deviennent d'une couleur jaune
rougeâtre très-difficile à détruire. Les préparations musculaires sont alors tendues sur un support et desséchées dans la position définitive
qu'on veut leur donner. Après leur dessiccation,
ces pièces ont perdu toutes leurs couleurs ; mais
le volume et les rapports respectifs des muscles
se trouvent assurés.

Dans les premières années de ces recherches,
la coloration naturelle des parties desséchées
était reproduite par la peinture, comme je l'ai
rapporté plus haut. Cependant le résultat laissait
encore à désirer. La transparence des parties
blanches était perdue. Les tendons, les aponévroses, les tissus fibreux offraient, après la peinture, un ton mat qui s'éloignait de l'aspect naturel et différaient à peine des pièces artificielles
de carton pâte ou de cuir. Leur supériorité sur
ces produits résidait uniquement dans la fidélité
des représentations qu'elles offraient à l'étude.
Mais ici comme pour le volume, il était permis

d'espérer une apparence plus proche de la nature.

En effet, les tendons, les aponévroses, les tissus fibreux des pièces musculaires, après leur dessiccation, peuvent être blanchis par l'acide sulfureux et retrouver ainsi leur couleur, leur transparence et même quelque peu de leur nacré. Les muscles eux-mêmes qui reprennent dans ce bain leur coloration rougeâtre pour la perdre de nouveau en séchant, ne sont pas absolument réfractaires à l'action de cet acide, et leur aspect devient plus transparent et moins brun à la dernière dessiccation. Les préparations des muscles secs et tendus doivent donc être traitées, comme les articulations, par des immersions répétées dans l'acide sulfureux et par des dessiccations successives jusqu'à la déalbation complète de leurs parties fibreuses. Alors ces dernières parties sont passées au vernis opalin dont il a été question plus haut, et ces blancs sont accidentés, avec mesure, de quelques traits sanguins. Enfin, les muscles eux-mêmes sont ravivés avec un petit pinceau trempé dans l'alcool et frotté sur un fragment de résine de sangdragon. Cette coloration artificielle, très-transparente, peut être facilement rapprochée de la couleur originelle des muscles et leur tient lieu de vernis. Elle n'est, en effet, qu'un vernis sous la main de tous les préparateurs.

ANGÉIOLOGIE. — *Artères.* La complication des préparations anatomiques devient de plus en plus grande, à mesure qu'elles doivent représenter des systèmes organiques plus importants. Tous les efforts doivent être tentés pour conserver à cet ordre de vaisseaux les rapports de position et de fonctions qu'ils peuvent avoir avec les autres parties. Leur exposition dans l'isolement est à peu près sans fruit. Quel intérêt peuvent avoir, par exemple, des pièces d'artériologie, si les muscles nombreux auxquels ces vaisseaux distribuent le sang sont raccornis ou absents? Quel repère exact le futur chirurgien pourra-t-il y trouver pour leur ligature? Ce sont pourtant de semblables préparations qu'on voit dans les musées en abondance et fréquemment sous de nombreux exemplaires. Les artères doivent être étudiées avec les muscles correspondants, avec les veines et les nerfs qui les accompagnent, et leur marche doit être éclairée soit par l'écart des muscles, soit même par des coupes judicieuses de ces organes.

Pour préparer des pièces d'artériologie, on commence donc par injecter le système musculaire avec la dissolution albumineuse arséniatée dont il a été question plus haut, en ayant soin toujours de laisser les veines libres. Lorsque les muscles ont acquis un volume convenable, on pousse immédiatement l'injection réplétive des artères.

Cette injection est un vernis à l'alcool pur, préparé en dissolvant dans ce liquide autant de poudre de résine ordinaire qu'il est possible. On décante cette dissolution après son repos et on y suspend du vermillon fin, en mêlant au mortier et peu à peu, la poudre et le vernis. Il faut éviter avec soin, l'emploi des vernis du commerce, parce qu'ils contiennent souvent des huiles qui empêchent la décomposition complète du vernis par l'humidité des tissus. Dans ce cas, l'injection artérielle restant plus ou moins fluide, les blessures des vaisseaux pendant la dissection vident plus ou moins les artères.

On injecte le système artériel de la pièce avec ce vernis coloré, vivement, afin de chasser les restes de l'injection albumineuse dans les parenchymes. On renouvelle plusieurs fois cette injection à un ou deux jours d'intervalle, afin de remplacer l'alcool que l'eau des tissus aura absorbé en décomposant le vernis. A la fin de ces injections, il ne reste dans les artères qu'une résine sèche et cassante et les vaisseaux remplis de cette manière, ne craignent aucune variation de température, aucune perte à la suite des accidents possibles de la dissection et restent constamment fermes.

Il est d'un grand intérêt de conserver aux artères non-seulement les relations musculaires, mais encore celles des troncs veineux et des principaux nerfs qui les accompagnent. On liera donc les grosses veines à leur émergence de la pièce; ensuite on les découvrira dans les régions inférieures à l'artère en préparation et on les injectera avec une petite seringue dont le bout en acier aura été taillé en biseau tranchant pour pénétrer directement dans ces vaisseaux. La matière de l'injection est un mélange ordinaire et chaud, de cire et de suif, coloré par du bleu de Prusse. Dans le cours de la dissection, on complète cette injection par celle des plus grosses branches musculaires, si leur position le permet, toutefois ce détail n'est point à rechercher d'une manière absolue, car les rapports des troncs veineux avec les artères sont seuls dignes d'être bien indiqués.

On dissèque alors la pièce, muscles, veines, nerfs et artères, avec le plus grand soin, en mettant toujours en évidence le vaisseau artériel, soit en écartant les autres organes par des érignes à demeure, soit en faisant des coupes sur son passage, tout en conservant de son mieux, les rapports naturels.

La pièce disséquée de cette manière et tendue avec des érignes inaltérables, sur un support, doit être desséchée d'abord puis plongée dans un bain d'acide sulfureux, puis desséchée de nouveau et ainsi de suite, jusqu'à ce que ses parties fibreuses, aponévrotiques et nerveuses soient définitivement blanchies. Alors on avive la couleur des muscles desséchés, on passe les tissus blancs au vernis opalin, comme je l'ai dit pour les pièces musculaires, et enfin on colore les artères avec du vernis au vermillon afin de les rendre encore plus apparentes.

ANGÉIOLOGIE. — *Veines dérivatives*. Depuis mon mémoire sur la circulation du sang dérivative dans les membres et dans la tête chez l'homme(1), il faut diviser le système veineux de ces régions en deux parties très-distinctes par leurs fonctions, par leur situation et par leur indépendance originelle. Une de ces divisions comprend les veines dérivatives chargées spécialement de ramener au cœur le trop plein de sang que cet organe y pousse dans certaines circonstances. Ces veines sont exclusivement peaussières et naissent directement des artères dans des points bien déterminés. L'autre division est formée de toutes les veines de nutrition des tissus ; elles sont profondes et leur origine a lieu de toutes parts et par des réseaux capillaires, intermédiaires entre elles et les artères.

_____

(1) *D'une circulation du sang dérivative dans les membres et dans la tête chez l'homme,* avec un atlas. A. Delahaye, libraire-éditeur, place de l'École de Médecine, Paris.

Il suit de cette disposition d'origine que les veines dérivatives peuvent être injectées facilement par les artères, tandis que les veines nutritives ne le peuvent point, l'injection se trouvant arrêtée dans les méandres capillaires avant d'atteindre leurs troncs et fuyant déjà par les veines dérivatives.

On prépare les veines dérivatives de la manière suivante : pour la tête, leur système se compose de deux parties absolument semblables dans chaque moitié de la peau de la face. On pourrait donc à la rigueur, préparer un côté seulement des téguments de la tête pour avoir la représentation de son système veineux dérivateur. Mais il est préférable de l'injecter des deux côtés à la fois, à cause de ses anastomoses d'un côté à l'autre. Par l'injection unique, tout se tend et se remplit ensemble. Il faut donc pousser l'injection en même temps par les deux artères carotides primitives. Pour cela, on découvrira ces deux vaisseaux et on y fixera deux canules divergentes et portées par un embout de seringue unique et médian. On se servira en outre d'une seringue de capacité suffisante pour remplir le système sanguin de toute la tête, car l'injection à faire doit avoir lieu d'un seul trait et sans reprise.

Pour préparer les veines dérivatives, il faut choisir un sujet maigre et âgé de soixante ans environ. L'âge développant de plus en plus ce système de circulation, elles sont plus faciles à injecter sur des sujets déjà vieux. Il ne faut pas cependant faire choix des vieillards d'une manière trop absolue, car alors les artères souvent athéromateuses se vident imparfaitement dans leurs dernières contractions, et des caillots de sang se forment ensuite, soit dans leur intérieur, soit dans les veines, et deviennent un obstacle pour de bonnes injections.

La matière qu'il faut y employer, est le vernis à l'alcool pur dont il a été question pour les artères. Ce vernis doit être pourtant moins concentré pour les veines et doit être coloré en noir, afin de rendre ces vaisseaux et leurs dernières divisions plus manifestes.

Pour cela, on le colore avec du noir de fumée, dans un mortier, avec un pinceau, en opérant sur de petites quantités à la fois, pour bien diviser le noir, et on ajoute ces parties à l'ensemble du vernis jusqu'à ce que le tout soit d'une coloration suffisante.

Avant de commencer la dissection de la tête injectée de cette manière, on la laisse reposer pendant trois ou quatre jours, afin que le vernis soit entièrement décomposé dans les vaisseaux par l'humidité naturelle des tissus. Alors on pratique une incision qui, partant du milieu de la nuque, passe sur le sommet de la tête, sur le milieu du front, du nez, des lèvres, du menton et du haut du cou, vers l'origine des artères carotides primitives injectées, et divise la peau jusqu'aux os dans tout son trajet. Une autre incision transversale, intéressant également la peau et le tissu cellulaire sous-jacent, réunit les extrémités de cette première incision. Alors les téguments de la moitié de la tête sont détachés peu à peu. A la hauteur de l'oreille, les cartilages de cette partie sont coupés et l'oreille externe suit la peau. Après le décollement complet, on a sous la main les téguments de la moitié de la face et du cuir chevelu, l'oreille comprise. La dissection du système veineux dérivateur qui prend son origine dans ce grand lambeau de la peau, doit se faire par la surface interne. On cherche d'abord le tronc de la veine faciale toujours rempli d'injection plus ou moins loin vers son embouchure sur la veine jugulaire externe, et on le suit avec attention vers ses branches et ses rameaux répandus sur les lèvres, sur l'aile du nez particulièrement, sur le dos de cet organe et sur le front. On met en évidence les anastomoses des veines frontales avec la veine opthlalmique, anastomoses qui portent souvent l'injection jusques dans les sinus caverneux de l'intérieur du crâne. La distinction des ramuscules artériels d'avec les ramuscules veineux, tous injectés de la même couleur, est plus facile qu'on ne pourrait l'imaginer, au premier abord. Les ramuscules artériels sont plus ou moins rectilignes et toujours décroissant d'une manière régulière, tandis que les ramuscules veineux sont plus ou moins plexiformes et irréguliers dans leur calibre. Ensuite on recherchera les troncs des veines auriculaires et on les suivra, ainsi que leurs branches, en s'élevant vers le pavillon de l'oreille. Enfin on détachera les cartilages de ce pavillon, de la peau qui les recouvre, en attirant ces cartilages vers la face interne et renversant cette portion de peau, en dedans, comme une bourse retournée sur elle-même.

La communication directe des artères et des veines dérivatives, a lieu à la face la plus interne du derme et dans le derme lui-même de la peau des régions que je viens d'indiquer. Partout ailleurs, soit dans la peau, soit dans la profondeur de la face, soit dans le crâne, soit dans le cerveau, les autres veines sont vides, bien que l'injection ait été portée par les carotides primitives dans tous les organes et dans toute la peau de la tête.

Pour rendre le système veineux dérivateur injecté, plus apparent, on enlève avec soin, dans le cours de la dissection, tout tronc, toute branche et tout rameau artériel également injecté de noir.

On débarrasse la surface interne des téguments de toute la graisse qui s'y trouve disséminée, et on plonge la pièce, après chaque séance de dissection, dans une solution de chlorure de zinc marquant 25° de l'aréomètre de Beaumé. Après la dernière immersion, la pièce est lavée à grande eau pour enlever l'excès de chlorure et enfin étalée et desséchée sur une grosse pelote de crin qui fait saillir sa surface interne, et met en relief les veines injectées. Elle peut alors être conservée dans cet état pour l'étude.

Le système dérivateur du bras est composé de deux veines principales, la céphalique et la basilique, qui prennent naissance uniquement dans la peau par des communications directes avec ses artères. Les points où ces passages artérioso-veineux sont les plus volumineux et les plus abondants, sont la matrice des ongles, sous la lunule, la peau des éminences thénar et hypothénar et celle du coude. Pour préparer ce système veineux, il faut injecter l'artère brachiale vers sa partie supérieure avec 'e vernis dont il a été question pour la tête. Après trois à quatre jours de repos, on dépouille le membre de la peau. Pour cela, on fait une incision longitudinale sur sa face antérieure depuis le haut du bras jusqu'à l'extrémité terminale du doigt médius. D'autres incisions sont également pratiquées sur toute la lon-

gueur de la face palmaire de chaque doigt et viennent rejoindre l'incision première. Ces incisions
intéressent la peau et le tissu cellulaire sous-
jacent. Alors on détache la peau du bras, de
l'avant-bras ensuite et enfin celle de chaque
doigt. A leur dernière phalange, on désarticule
cet os qui reste adhérent à la peau et on enlève
le membre. Pour dépouiller la dernière phalange
de la peau et de l'ongle, on dissèque très-lente-
ment cet os, en renversant sa face dorsale et en
respectant avec soin la matrice unguéale.

Alors on recherche les troncs des veines céphalique et basilique au bras et à l'avant bras, et
on met à nu leurs réseaux d'origine dans la peau
du coude et ensuite dans celle de la main et des
doigts. Dans l'intervalle des dissections, la pièce
est immergée dans la solution de chlorure de zinc
indiquée plus haut. Lorsque la dissection est terminée et la graisse détachée avec soin, la pièce
est lavée à grande eau, tendue sur une planchette
de liège avec des épingles inoxidables et les doigts
écartés. On termine ensuite par sa dessiccation.

Le membre inférieur possède également un
système veineux dérivateur, et ce système offre
avec celui du bras la plus grande analogie. Comme
celui-ci il commence dans la peau du genou, si-
milaire de la peau du coude, dans la peau des
deux côtés du talon, représentant les éminences

thénar et hypothénar de la main, et enfin dans la peau des orteils et de la matrice de leurs ongles, comme nous venons de le voir aux doigts. Enfin il y est composé de deux veines, les deux saphènes représentant ici les veines céphalique et basilique du membre supérieur.

On injecte ce système isolément de toute autre veine profonde ou superficielle, en injectant l'artère crurale, au-dessus du bord du muscle couturier et avec l'injection au vernis indiqué. Trois ou quatre jours après, on peut la préparer, sans crainte de décomposition pendant cet intervalle. L'alcool du vernis, absorbé par l'humidité naturelle des tissus, les préserve de toute putréfaction. On pratique alors une incision qui pénètre jusqu'au *fascia superficialis* et qui s'étend du haut de la cuisse à l'extrémité du troisième orteil sur la partie postérieure du membre et sous la plante du pied. D'autres incisions divisent la face plantaire des autres orteils jusqu'à l'incision précédente. Alors on détache la peau de la cuisse, de la jambe, du pied et des orteils. On désarticule leur dernière phalange et on l'enlève ensuite, comme je l'ai indiqué pour l'extrémité des doigts. On dissèque alors ces téguments en mettant à nu les veines saphènes et leurs branches du genou et des autres parties. On plonge la pièce, après chaque dissection, dans le bain de chlorure de zinc indiqué; on la passe à l'eau pure à la fin et on la fait sécher, en la tendant sur une planche de liége avec des épingles inaltérables.

Veines de nutrition. Ces veines comprennent spécialement les veines profondes des membres, par opposition à leurs veines dérivatives superficielles et très-dictinctes malgré les communications nombreuses qui les relient. Cet ordre de veines n'est pas aussi facile à étudier et à préparer que le précédent. Les injections artérielles connues n'arrivent pas jusqu'à lui, et, jusqu'à ce jour il n'est pas possible de montrer sur des pièces anatomiques, les réseaux d'où sortent les troncs veineux. On ne peut donc les injecter que par sections de tronc, comme je l'ai indiqué à l'occasion des pièces d'artériologie. Je dirai même que ces dernières préparations, si elles sont bien faites, doivent être suffisantes pour l'étude. Des pièces spéciales ne représenteraient jamais que les troncs veineux qu'on y voit déjà dans leurs relations utiles à connaître.

Quant aux veines viscérales, il est actuellement impossible de les distinguer, dans des préparations, en veines dérivatives et en veines de fonction et de nutrition, bien que cette division ait été reconnue dans le foie par M. Ch. Bernard et qu'elle se retrouve pour les reins, d'après mes recherches. Mais ces distinctions n'existent que sur des trajets très-courts dans la profondeur des parenchymes. A leur sortie des organes, les veines ne forment plus qu'un affluent commun qui emporte le produit général de ces circulations, diverses à l'origine.

NÉVROLOGIE. — A l'encontre des anatomistes qui consacrent leur science et leur habileté à préparer des pièces de nerfs, modèle de patiente obstination, j'estime que cet ordre de travaux, dans la forme actuelle, ne peut offrir un grand intérêt anatomique. Les nerfs entrent, en effet, pour de faibles proportions dans la constitution matérielle de l'économie animale. Ils ne sont pas l'objet de ces opérations chirurgicales qui demandent les notions les plus rigoureuses de topographie anatomique. Leurs parties les plus délicates, telles que les ganglions pulpeux et les filets presque invisibles qu'ils émettent, ne sauraient jamais être conservés par des pièces sèches. Les nerfs qu'il serait possible de représenter encore, se trouvent isolés des organes mous qui les animaient. Enfin leur étude n'apprend encore rien sur la nature de l'influence diverse qu'ils transmettent. Les troncs que l'anatomie de conservation peut offrir seuls à l'étude actuelle, ne sont que des cables de circulation, dont la position générale peut être suffisamment exposée sans préparations spéciales. Les pièces d'artériologie qui doivent les représenter avec leurs relations de muscles et de vaisseaux, peuvent remplir les conditions d'une grosse étude de nerfs, la seule que les pièces sèches de nos musées peuvent réaliser avec quelque utilité.

Splancnhologie. — *Encéphale*. Les préparations actuelles soit du cerveau, en général, soit de ses différentes coupes, ne sont que des conservations provisoires obtenues dans le but de faciliter une étude prochaine. Elles sont le résultat de l'immersion plus ou moins prolongée de cet organe, dans l'alcool particulièrement, dans des dissolutions d'acide chromique, ou de sublimé corrosif, etc. Les collections anatomiques n'offrent, à ma connaissance, qu'un exemple de conservation définitive et desséchée des centres nerveux encéphaliques, et cette pièce, très-imparfaite, est sortie de mon cabinet. Cet ordre de préparations n'est cependant pas impossible. J'ai gardé dans ma bibliothèque un cerveau avec le cervelet, la moelle allongée et les origines des nerfs cérébraux, pendant de longues années. Ces organes étaient durs comme du bois et pouvaient être jetés à terre, sans accident. Ils étaient d'une coloration brunâtre et très-diminués de volume, mais sans déformation, sans rides et les détails de leur surface étaient toujours très-distincts.

Cette pièce avait été préparée uniquement par

immersion prolongée dans du chlorure de zinc à trente-cinq degrés de l'aréomètre de Baumé. Après cette immersion, elle s'était desséchée lentement à l'air, en se réduisant de volume, mais sans raccornissement et sans rides.

Ce procédé peut être amélioré de la manière suivante · L'encéphale retiré avec soin de sa boîte crânienne, posé sur son sommet, dans un large plat, doit d'abord être injecté avec la dissolution plastique d'albumine arséniatée dont il a été question pour les muscles. On fixe de petites canules à robinet, dans les artères de sa base, et on y pousse le liquide tantôt par l'une, tantôt par l'autre, avec ménagement. Cette injection est loin de donner à l'organe, le volume qu'elle communique au foie et au rein, viscères essentiellement canaliculés, mais elle est encore très-efficace pour le maintien de l'encéphale après la dessiccation. On enlève alors avec précaution les membranes cérébrales, on le plonge ensuite dans le bain de chlorure de zinc indiqué plus haut pendant une quinzaine de jours et enfin on l'abandonne à l'air libre où il se dessèche sans raccornissement.

Un cerveau sec, traité de cette manière, fut placé pendant trois mois au-dessus d'un bain d'acide sulfureux et soumis, par conséquent, aux vapeurs sulfureuses qu'il dégageait. Ce cerveau desséché n'avait plus la couleur brunâtre du précédent sans avoir repris néanmoins toute sa coloration naturelle, mais il conservait beaucoup mieux son volume et celui de ses circonvolutions. Il était encore sensiblement réduit de volume, mais toujours sans être raccorni.

Je ne doute pas qu'il soit possible d'obtenir, après injection, des cerveaux ou des coupes de cerveau solides, incorruptibles avec leurs formes et presque avec leur coloration naturelle, par le bain d'acide sulfureux et par la dessiccation répétés aussi souvent que cela sera nécessaire. Ces traitements sont longs et minutieux, sans doute, mais des questions de temps et de patience ne sauraient être prises en considération dans la formation des collections anatomiques.

Poumons. Je n'ai jamais préparé des poumons, mais j'estime que la conservation de ces organes doit être facile, malgré les très-rares exemplaires qu'on voit dans nos musées et malgré la défectuosité des injections plastiques dont on a plus ou moins rempli leurs cellules pour maintenir leur volume. Ces procédés devront être remplacés par l'insufflation permanente des poumons, jusqu'à leur dessication complète, après laquelle l'affaissement de ces organes n'est plus à redouter.

Le gaz le plus convenable pour cette insufflation, serait un mélange d'acide sulfureux et d'acide carbonique, obtenu en chauffant dans une bouteille à mercure, du charbon humecté d'acide sulfurique. Les gaz qui se dégagent seraient recueillis dans deux ou trois grosses vessies en tissu caoutchouté, au moyen de tubes de caoutchouc, comme pour les appareils de chimie, réunissant le tube d'émission de la bouteille et celui de réception à robinet des vessies. Lorsqu'on aurait préparé de cette manière une provision de gaz, on fixerait sur la trachée artère ou sur la grosse bronche du poumon, une canule également à robinet. On la joindrait au tube d'une des vessies par un tuyau en caoutchouc, on ouvrirait les robinets et on pousserait le gaz de la vessie dans le poumon en plaçant sur elle une planchette chargée d'un petit poids. Lorsque la vessie serait vide, on fermerait le robinet de la bronche, on mettrait en place une nouvelle vessie.

Cette préparation doit être faite dans une saison sèche et chaude afin que le poumon arrive promptement à sa dessiccation complète. En attendant l'acide sulfureux du mélange de gaz, préviendra la décomposition de cet organe et diminuera la couleur brunâtre que la dessiccation communique à tous les tissus animaux.

Foie. J'ai décrit ailleurs les procédés d'injection sanguine qui m'avaient permis d'obtenir l'appareil biliaire, avec sa forme, son volume et sans raccornissement de ses surfaces. Depuis ces premières recherches, j'ai remplacé le sang défibriné par la dissolution d'albumine arséniatée dont il a été fréquemment question dans ce travail. Ce nouveau traitement diffère peu de l'ancien; car la dissolution albumineuse, n'est, en réalité, que du sang, moins les globules hématiques. Cette substitution a pour but de donner des organes d'une coloration moins brune, plus transparents, plus près, en un mot, de la couleur naturelle du foie.

Pour injecter convenablement cette glande volumineuse, il faut lier, avant tout, les veines sus-hépatiques avec solidité et derrière des épingles qui rapprochent leurs parois. On fixe ensuite sur la veine porte, une grosse canule à robinet et enfin une petite canule simple sur l'extrémité libre du canal cholédoque.

On commence alors par injecter les voies biliaires avec le vernis à l'alcool pur dont il a été question précédemment pour les artères, et, avant de terminer, on maintient ce liquide dans ces canaux, par une ligature au-dessus de la canule qu'on détache ensuite. On procède alors à l'injection de la veine porte. Après chaque seringue, on tourne le robinet de la canule pour charger l'instrument et l'opération continue jusqu'à ce que le foie ait acquis tout le volume qu'on peut espérer sans rupture. Alors on plonge l'organe dans un bain de chlorure de zinc à 40° de Baumé et on l'y abandonne pendant une quinzaine de jours. Dans cet intervalle, on pousse de nouvelles injections dans le foie, aussi longtemps que cela est possible et sans le retirer de son bain.

Lorsque cet organe a pris une grande consistance, on le retire du bain et on le laisse dessécher à l'air libre. Alors on le lave à grande eau, on le fait sécher de nouveau, on le vernit et on colore en vert la vésicule du fiel et les voies biliaires.

Rate. Ce viscère doit être préparé de la même manière que le foie. Avant son injection plastique, on lie les vaisseaux courts qui l'attachent au grand cul de sac de l'estomac, et, par des canules fixées sur l'artère et sur la veine splénique, on pousse la dissolution albumineuse, jusqu'à ce que l'organe ait pris un grand développement. Alors on le plonge dans le bain de chlorure de zinc et on continue des injections éloignées les unes des autres, aussi longtemps qu'il est possible. Lorsque la rate est devenue solide, on la laisse sécher à l'air, on la lave ensuite et enfin on la passe au vernis après sa dessiccation, en colorant ses artères et ses veines suivant l'usage.

Reins. Quoique les reins des mammifères soient

exclusivement un assemblage de canaux divers, il est impossible d'obtenir dans leur parenchyme une expansion suffisante pour maintenir à peu près leur volume après leur dessiccation. Lorsque ces organes ont atteint le développement que leur capsule fibreuse peut supporter, les injections transpirent à leur surface ou déchirent leur tissu, et tout orgasme nouveau se trouve arrêté.

L'injection albumineuse, qui se réduit considérablement à la dessiccation, doit être remplacée, dans ce cas, par l'injection de vernis à l'alcool pur, vernis dont la résine solidifiée dans le bain de chlorure de zinc, maintient leur volume d'une manière moins régulière mais plus sûre. On place des canules à robinet sur l'artère, sur la veine rénale et sur l'extrémité de l'urétère sans les disséquer et on porte le vernis dans l'organe par toutes ces voies. Lorsqu'il est bien tendu par ces diverses injections, on le plonge dans le bain et on le traite comme les viscères précédents. Lorsque sa consistance est devenue très-ferme, on le retire du bain, on dissèque les vaisseaux, l'urétère et le bassinet, en les dégageant du tissu adipeux qui les environne, on le lave ensuite, on le vernit enfin en donnant à l'urétère et au bassinet une couleur jaune ainsi qu'une coloration rouge et bleue aux artères et aux veines.

ORGANES CREUX.—*Estomac, intestins, vessie*. Les

procédés de conservation de ces organes sont encore très-primitifs. L'insufflation et la dessiccation à l'air libre font toujours les frais de ces méthodes qui ne coutèrent jamais sans doute de grands efforts d'imagination. On devine, sans les avoir vus, quels résultats elles pouvaient fournir. On n'obtient ainsi que des organes transparents et jaunâtres dont nul anatomiste ne saurait se glorifier, qu'on délaisse volontiers, et dont l'étude se trouve dès lors insuffisante dans les collections. Cependant les préparations des organes creux peuvent être très remarquables et offrir, non-seulement une forme mais encore un aspect très-naturel. Pour cela, il faut les blanchir entièrement. A la suite de leur déalbation, elles perdent la transparence de leurs tissus desséchés et peuvent acquérir l'apparence de leur fraîcheur humide.

Pour les pièces qui offrent deux ouvertures, comme l'estomac, on fait une ligature au delà de l'une de ces extrémités et l'on fixe une canule à robinet sur l'autre. Par cette canule ouverte, on insuffle l'organe, on ferme ensuite le robinet et l'organe est desséché à l'air libre. Alors on rouvre le robinet, on expulse l'air contenu dans la cavité de la pièce et on l'immerge dans un bain d'acide sulfureux. Lorsqu'elle a repris sa souplesse, on l'insuffle de nouveau comme la première fois, on la fait sécher encore, pour la replonger ensuite dans le bain et ainsi de suite, jusqu'à ce qu'elle soit blanche et sans transparence à la dernière dessication.

Alors on la met dans le bain de chlorure de zinc. Quand elle a repris son humidité, on la retire, on injecte dans sa cavité de la pâte d'amidon et on enlève la ligature et la canule de ses extrémités. Alors on place l'organe sur une planchette, on le comprime pour faire sortir l'excès de pâte par ses deux ouvertures, on lui donne l'apparence d'une demi-plénitude et on le laisse dessécher. Après la dessiccation, on le lave rapidement à grande eau, et quand il est enfin définitivement sec, on le passe au vernis opalin dont il a été question pour les parties blanches des articulations et des muscles.

Ces recherches durèrent pendant plusieurs années et, sous le décanat du baron Dubois, je préparai une série de pièces, suivant ces procédés et je les exposai dans les vitrines du musée Orfila. Elles furent très-remarquées, et ce doyen conçut alors le projet de créer auprès de la Faculté un laboratoire d'anatomie, sur mes indications, avec tous les instruments et le personnel nécessaires. Mais des questions de hiérarchie firent obstacle a ce dessein et je laissai le champ libre pour continuer ces travaux dans une retraite paisible, et dans une direction nouvelle.

J'avais déjà constaté la valeur des milieux antiseptiques pour l'embaumement, et j'espérais qu'il serait, un jour, possible de constituer un milieu conservateur applicable non-seulement aux pièces de l'anatomie normale, mais encore à celles de l'anatomie pathologique. Cuvier nous apprend que la découverte de l'alcool comme anti-putride a eu pour conséquence, l'avancement rapide des sciences naturelles. Quel intérêt offrirait donc la possession d'un milieu qui permettrait de conserver et de voir les détails les plus délicats des organismes sains et ceux plus fugitifs encore des pathogénies organiques. Les sciences médicales y trouveraient des éléments inattendus de progrès. L'histoire naturelle elle-même y gagnerait le moyen d'études plus complètes, plus étendues, et le vœu de Perron pendant son voyage dans les mers australes pourrait être satisfait. L'alcool employé dans ces directions diverses de la science, est non-seulement d'un prix élevé, mais encore très-insuffisant. Il altère la couleur des pièces plongées dans son sein, raccornit leurs tissus et dissout leurs graisses, en se troublant. Des tentatives nombreuses ont été faites pour lui substituer des liquides nouveaux ou pour atténuer ses effets. Bogros, prosecteur de la faculté de médecine de Paris, conseillait, pour cet objet, un mélange de deux parties d'essence de térébenthine pour une partie d'alcool à 36°. Ces essais restèrent infructueux et l'alcool reçoit tous les jours de larges applications dans les musées d'anatomie et dans ceux d'histoire naturelle. Est-il possible d'espérer mieux?

Pour faire comprendre exactement les principes de la conservation délicate dont il s'agit, en ce moment, il est nécessaire de rappeler quelques faits mis en lumière par les recherches nouvelles exposées plus haut.

Les tissus animaux contiennent deux ordres de liquides, ceux de composition et ceux de circulation. Après la mort, les premiers restent inhérents aux tissus dont ils constituent une partie essentielle; les seconds, résidus séreux et colloïdes de la circulation du sang, sont, au contraire, libres et traversent les parenchymes, soit pour s'accumuler dans les parties déclives, soit pour venir s'évaporer à leur surface. Lorsque ces tissus animaux sont plongés dans un milieu colloïde, il se fait entre eux un échange de liquides dont la direction varie suivant leurs densités respectives. Si les liquides des tissus sont moins denses que ceux du milieu ambiant, ils abandonnent les tissus et pénètrent le milieu. S'ils sont, au contraire, plus denses, les liquides du milieu colloïde pénètreront les tissus. Nous avons eu sous les yeux un exemple en grand de ces divers mouvements de diffusion, dans le corps de l'enfant resté pendant plus d'un an dans un milieu colloïde sulfité. Le crâne était rempli d'eau, tandis que les membres étaient plus denses et réduits de volume. De même, des chairs musculaires, placées dans un milieu antiseptique très-colloïde, y conservent leurs liquides de composition, mais lui abandonnent les liquides de circulation et deviennent plus fermes en se concentrant. Ainsi donc, pour appliquer ces faits à l'objet de notre étude, on peut dire que plus le milieu qui enrobera les pièces d'anatomie sera colloïde et dense, moins les liquides étrangers les pénètreront et modifieront leurs qualités physiques.

Un autre fait mis également en évidence par les recherches nouvelles sur le corps de l'enfant placé pendant plus d'un an dans la myrrhe, c'est qu'il suffit de conserver la surface périphérique des tissus animaux, pour les préserver de la décomposition dans leur intégralité. Or, un milieu antiseptique, qui enveloppe les pièces d'anatomie très-exactement et fait corps avec elles, les couvre d'une surface incorruptible au-dessous de laquelle les pièces pourront être conservées.

Enfin, si ce milieu colloïde et antiseptique est, en outre, parfaitement translucide, elles pourront être étudiées comme s'il n'y avait entre elles et l'observateur aucune substance étrangère.

Le milieu à constituer pour les conservations de l'anatomie normale et pathologique devait donc réunir les trois conditions suivantes : être plus colloïde que les liquides albumineux des tissus, être antiseptique et ensuite parfaitement transparent. Ces données n'étaient point irréalisables.

On trouve aujourd'hui, dans l'industrie, un liquide d'un prix modéré, d'une transparence parfaite et d'une innocuité complète sur les qualités physiques des tissus animaux. Ce liquide est la glycérine, résidu de la saponification des corps gras. Ce liquide, très-miscible à l'eau, peut être rendu colloïde très-facilement avec une forte dissolution d'isthyocolle, très-transparente elle-même et rendue convenablement antiseptique par des proportions très-faibles d'acide phénique ou même d'acide arsénique. Un mélange de ces substances, composé pour mille parties, de six cents de glycérine, de quatre cents de dissolution tiède et concentrée d'icthyocolle et de deux à trois d'acide phénique, constitue, après son refroidissement, un milieu colloïde très-résistant, incorruptible et d'une translucidité remarquable. Des chairs musculaires, enrobées dans son sein, dans des vases bien clos, conservent, depuis bientôt un an, leurs belles couleurs et tous les détails de leur surface. Sans doute, ce laps de temps est encore trop court pour juger la valeur de ces sortes d'expériences. Mais leur résultat actuel est suffisant, dès à présent, pour mériter l'attention des savants et pour les engager à reproduire ces tentatives dans leurs applications aux branches diverses de l'histoire naturelle.

Lorsque les pièces à conserver ont beaucoup de volume, on les injecte d'abord par leurs artères, avec le mélange tiède que je viens d'indiquer. Après l'injection, la ligature de ces vaisseaux et le refroidissement du liquide, on dissèque la pièce avec soin et on la monte sur une planchette, vernie en noir, dans la position la plus favorable à l'étude. Alors on plonge pièce et support dans un vase contenant le milieu liquéfié par une douce chaleur et on les abandonne jusqu'au dégorgement complet des tissus. Je dis dégorgement par une habitude contractée dans ce cas. Mais dans ce milieu presque solide peut-il y avoir un dégorgement? Par suite de l'échange des liquides dont il a été question plus haut, les liquides de circulation de la pièce pénètrent le milieu ambiant et forment autour d'elle une atmosphère plus ou moins rougeâtre. Lorsqu'on juge cette diffusion terminée, ce qu'on reconnaît à l'immobilité de cette atmosphère, on se met en mesure de changer la pièce de milieu.

On plonge le vase dans un bain-marie pour

liquéfier le mélange et on retire la pièce aussitôt qu'on le peut en la laissant égoutter. La température à laquelle ce mélange devient liquide est trop basse pour que sa chaleur altère en quoi que ce soit l'aspect naturel des tissus. Cependant l'opération demande de la surveillance.

On prend alors un récipient en verre très-blanc, de forme carrée, sans goulot, ouvert à sa bouche dans toute sa largeur et pouvant recevoir librement la pièce et le support. On l'introduit dans ce vase nouveau, en la rapprochant de la face par laquelle son examen aura lieu. Ensuite on remplit ce récipient avec de la glycérine fraîche et préparée comme je l'ai dit plus haut, jusqu'à quelques centimètres des bords, en ayant soin que le liquide tiède dépasse la pièce de dix à douze centimètres. Après le refroidissement du mélange, on procède, sans retard, au bouchage du vase.

Cette opération, toujours difficile pour des récipients à large ouverture, est ici d'autant plus délicate que les vases sont plus grandement ouverts et qu'il est très-important de tenir les pièces à l'abri de l'air. En effet, sans cette condition, elles perdent insensiblement leur coloration naturelle et deviennent jaunâtres et opaques dans leurs parties rouges, bien qu'on n'observe aucune décomposition soit en elles, soit dans le milieu qui les entoure. Après bien des tâtonnements, j'ai réussi de la manière suivante à éviter ces accidents. Je prépare un mastic très-fusible et très-promptement sec, en chauffant ensemble six parties de stéarine et cinq parties de résine ordinaire. Lorsque ce mastic est à peine fondu j'y trempe un fort pinceau, avec lequel je barbouille les bords intérieurs du vase et la surface compacte du milieu glycériné. Je coule ensuite ce mastic à peine chaud dans le vase et bord à bord. Lorsque ce bouchon artificiel est durci, avec le pinceau trempé dans du mastic plus chaud, je fais sur lui et sur les bords extérieurs du vase une capsule solide et très-adhérente sur le verre sec.

FIN.

NOTES

—

Dans le chapitre relatif à l'embaumement égyptien et dans l'expérience de ses procédés faite dans mon cabinet de l'Ecole pratique, j'ai présumé que les anciens Egyptiens couvraient le natrum dans lequel les corps étaient ensevelis pendant soixante-dix jours, d'une couche de charbon, pour absorber les émanations qui se dégageaient dans le cours de l'opération. Cependant il pourrait être possible que cette précaution fût inutile dans ce pays. Dans son climat, l'évaporation des liquides à travers le natrum sec y était peut-être assez rapide pour dessécher promptement la surface du corps et pour prévenir ainsi toute odeur. Cette expérience devrait être renouvelée en Egypte. Il serait digne de l'autorité de ce pays, qui, sous l'impulsion d'une dynastie réparatrice et sous la direction d'un éminent égyptologue (1), a déjà tant fait pour son histoire, d'éclaircir ce point d'un des arts les plus nationaux de l'ancienne Egypte.

On fait en ce moment quelque bruit autour d'un procédé d'embaumement, sans incision et sans injection. Cette méthode n'est encore annoncée que par

(1) M. Mariette-Bey.

une publicité extra-scientifique. Cependant, informations prises, elle paraît consister dans l'introduction d'un liquide dans l'intérieur du corps, par une ponction faite à l'estomac et par un entonnoir placé dans la bouche.

Ce manuel rappelle mes premières expériences, faites, il y a trente ans, à Clamart, rapportées plus haut et consignées dans le mémoire qui fut l'objet du rapport de l'Académie de médecine.

Cependant, je jugeai dès lors, et je juge encore cette pratique comme malséante, ne faisant rien pour la restauration des traits du visage et peu sûre dans ses résultats.

TABLE DES MATIÈRES